지식 제로에서 시작하는 과학 개념 따라잡기

Newton Press 지음

와다 스미오 감수

이선주 옮김

청어람e

NEWTON SHIKI CHO ZUKAI SAIKYO NI OMOSHIROI !! BUTSURI

www.newtonpress.co.jp

들어가며

'물리'라는 말을 들으면 왠지 '어려울 것 같다'라는 생각이 먼저 드는 사람이 많을 것이다. 하지만 그런 생각으로 물리를 멀리하는 것은 무척 안타까운 일이다.

물리는 자연계의 규칙을 탐구하는 학문이다. 예를 들어 당신이 타고 있는 열차가 갑자기 멈추면 당신은 앞으로 확 넘어지게 될 것이다. 이것은 '관성'이라는 자연의 규칙 때문에 생기는 현상이다. 이렇게 물리는 우리 생활 곳곳에서 찾아볼 수 있다. 물리를 알면 세상을 보는 눈이 바뀌고 일상생활이 더욱 편리하고 즐거워질 것이다.

이 책에서는 다양한 현상에 숨어 있는 물리를 재미있게 설명한다. 어려운 계산은 전혀 필요 없다. 끝까지 한 번 읽고 나면 물리의 핵심을 쉽게 이해할 수 있을 것이다. 부디 물리의 세상에서 즐거운 시간을 보내기 바란다.

차례

제2장 엄청난 힘을 지닌 '공기'와 '열'

제3장 ‘파동’이 만드는 신기한 현상

제4장 생활에 꼭 필요한 ‘전기’와 ‘자기’

제5장 만물을 구성하는 '원자'의 정체

제1장
간단한 법칙으로 알 수 있는 '물체의 움직임'

지구 주위를 도는 달, 투수가 던진 공,
얼음 위로 미끄러지는 컬링 스톤…….
우리 주위에 있는 물체들은 다양한 운동을 한다.
사실, 이 운동은 모두 몇 가지 단순한 규칙에 따라 움직이고 있다.
제1장에서는 물체의 운동을 지배하는 규칙을
구체적인 예와 함께 소개한다.

1 우주탐사선 보이저 1호는 연료 없이도 계속 나아간다

◆ 움직이는 물체는 계속 직진한다

먼저 몇 가지 예를 통해 운동에 관한 법칙을 살펴보겠다. 아무것도 없는 우주 공간을 날아가는 우주선에서 연료가 바닥난다면 우주선은 언젠가 멈추어버릴까?

사실 우주선은 멈추지도 방향을 바꾸지도 않고 같은 방향, 같은 속도로 영원히 나아간다. 1977년에 로켓으로 쏘아 올린 NASA의 우주탐사선 '보이저 1호'와 '보이저 2호'는 2019년 현재에도 태양계의 바깥을 향해 우주 공간을 항해하고 있다. 움직이는 물체는 원래 밀거나 당기지 않아도 같은 속도로 계속 직진한다(등속 직선 운동). 이것을 '관성의 법칙'이라고 한다.

◆ 이상적인 상황을 가정하면 운동의 본질이 보인다

관성의 법칙은 모든 물체의 운동에 관한 중요한 세 가지 법칙 중 하나이며, '운동의 제1법칙'이라고 한다. 우리의 평소 생활에서는 마찰력이나 공기 저항 등으로 방해를 받기 때문에 물체가 끊임없이 움직이는 장면을 볼 수는 없다. 하지만 우주 공간과 같이 이상적인 상황을 생각하면 물체 운동의 본질을 알 수 있다.

계속 나아가는 보이저 1호

1977년에 쏘아 올린 보이저 1호는 지금도 태양계 밖을 향해 같은 속도로 계속 나아가고 있다. 이처럼 움직이는 물체에 힘이 가해지지 않으면 그 물체는 같은 속도로 계속 진행한다.

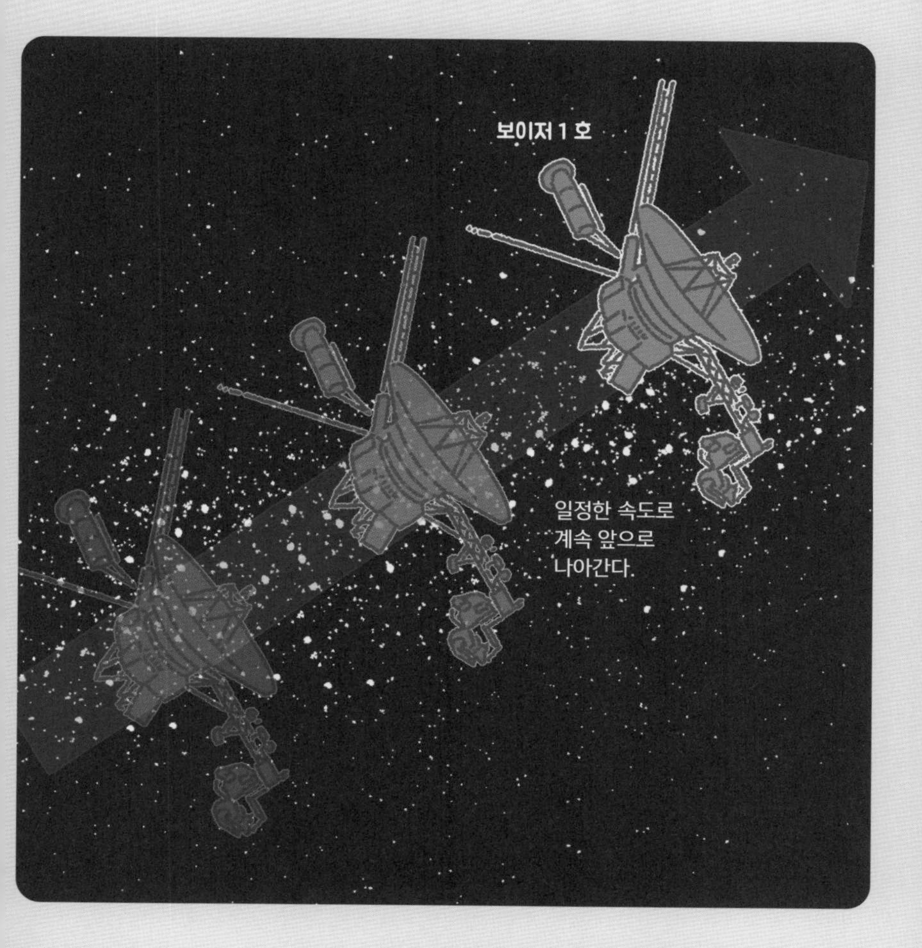

2 열차 안에서는 시속 200km인 강속구도 던질 수 있다!

속도는 보는 사람에 따라 다르다

운동을 이해하는 데 가장 중요한 요소 중 하나인 속도에 대해 생각해보자. **같은 물체의 운동이라도 그 물체의 속도는 보는 사람에 따라 다르다.**

시속 100km로 오른쪽으로 진행하는 열차 안에서, 열차 안에 있는 사람이 볼 때 오른쪽으로 시속 100km인 공을 던지면, 열차 밖에서 정지해 있는 사람이 볼 때는 어떻게 보일까? 정지해 있는 사람에게는 공의 속도 시속 100km와 열차의 속도 시속 100km가 합쳐져 시속 200km로 보인다. 반대로 열차 안에 있는 사람이 볼 때 왼쪽으로 시속 100km인 공을 던지면, 정지해 있는 사람이 보는 공의 속도는 0이 된다. 즉, 단순히 수직으로 낙하하는 것처럼 보인다.

물리학에서는 '속도'와 '속력'을 구별한다

물리학에서는 '속도'와 '속력'이라는 말을 구별해서 쓴다. '속도'는 운동의 방향도 포함하므로 화살표(벡터)로 표현한다. 반면에 '속력'은 속도의 크기만을 나타낸다.

속도의 합

열차의 속도를 V_1, 열차 안에 있는 사람이 본 공의 속도를 V_2라고 하면 열차 밖에서 정지해 있는 사람이 본 공의 속도 V는 '$V=V_1+V_2$'로 계산할 수 있다.

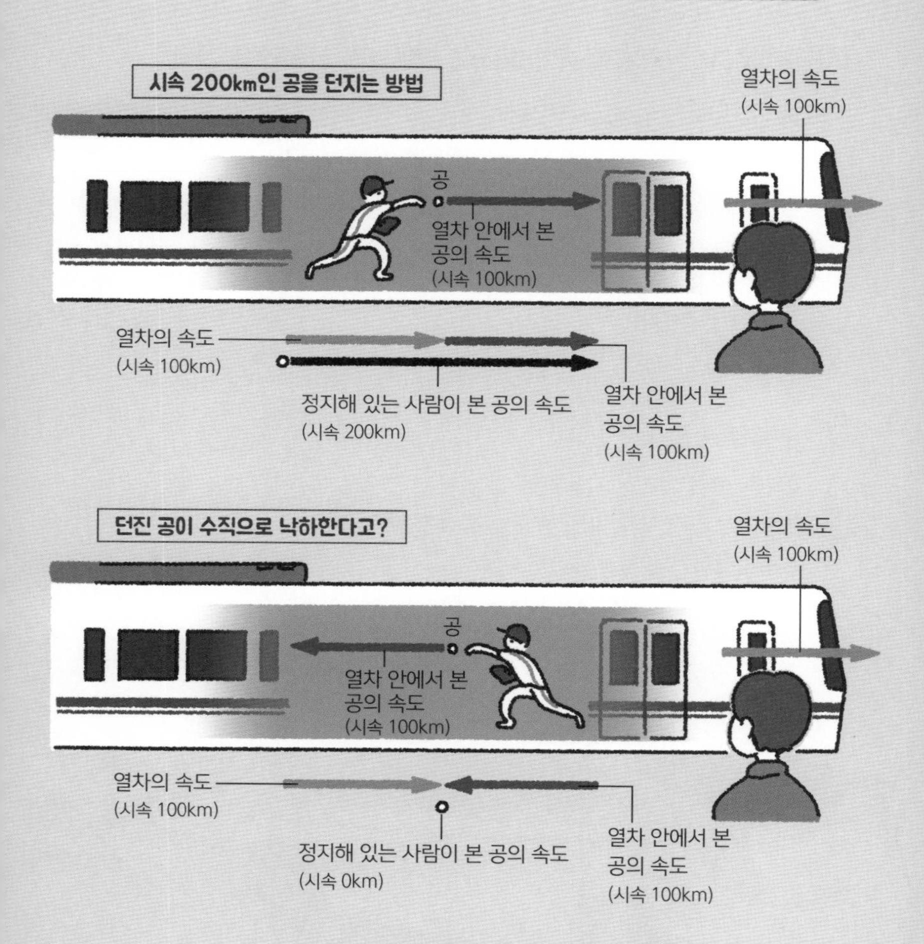

3 힘이 없으면 가속과 감속을 할 수 없다

◆ 타이어가 지면을 차서 밀어내어 자동차가 가속한다

힘이 가해지지 않는 물체는 계속 같은 속도로 움직인다(관성의 법칙). 그렇다면 힘이 가해질 때는 어떻게 될까? 자동차를 예로 생각해 보자. 멈춰 있던 자동차의 액셀을 밟으면 자동차는 나아가기 시작하고 점점 빨라진다. **타이어가 지면을 뒤로 '차는' 동작으로 자동차에는 진행 방향으로 힘이 가해진다. 이 힘으로 자동차는 점점 가속한다.** 반대

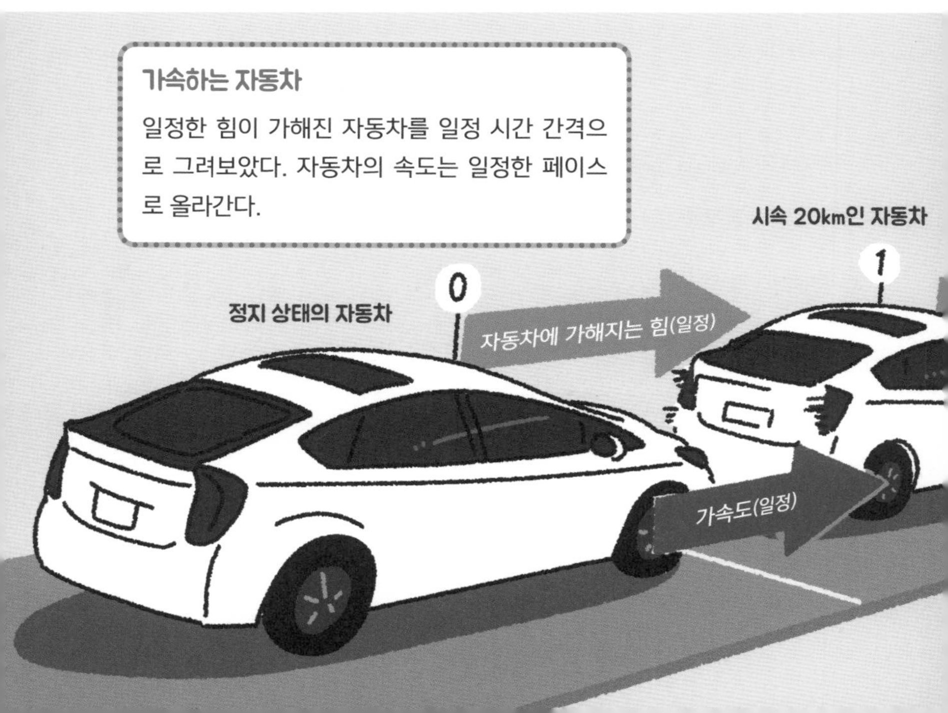

로 브레이크를 밟으면 타이어의 회전이 느려지고 타이어와 지면 사이에 작용하는 마찰력이 진행 방향과 반대로 작용한다. 그 결과로 자동차는 감속한다.

힘은 물체의 속도를 변화시킨다

일정한 힘이 가해질 때 물체의 속도는 계속해서 일정하게 변한다. 일정한 시간 동안의 속도 변화량을 '가속도'라고 한다.

자동차에서 핸들을 오른쪽으로 돌리면 오른쪽으로 힘이 가해지고 오른쪽으로 회전한다. 속도는 속력에 운동 방향을 더한 것이므로, 핸들을 돌렸을 때 속도계의 속력은 바뀌지 않아도 속도에는 변화가 일어난다. **이렇게 힘이란 물체의 속도를 변화시키는 것이라고 할 수 있다.**

4 무중력인 우주에서도 용수철을 사용해 몸무게를 측정할 수 있다

물체에 가해지는 힘이 셀수록 가속도가 커진다

액셀을 밟는 힘이 같을 때, 많은 사람이 탄 자동차는 한 사람만 타고 있을 때보다 가속하기 어렵다. 즉, 무거운 물체(질량이 큰 물체)일수록 가속도는 작아진다(반비례 관계). 한편, 같은 물체에 가해지는 힘이 셀수록 가속도는 커진다(비례 관계). **이들의 관계를 공식으로 정리하면 '힘(F) = 질량(m)×가속도(a)'라는 식이 성립한다.** 이 식을 '운동방정식'이라고 하며, 운동에 관한 중요한 세 가지 법칙 중 두 번째인 '운동의 제2법칙'에 해당한다.

운동방정식을 활용해 몸무게를 측정한다

운동방정식은 무중력(미소 중력) 상태인 ISS(국제우주정거장)에서 우주비행사의 몸무게를 측정하는 데도 사용된다. 사람이 둥둥 떠다니는 우주에서는 일반적인 체중계를 사용할 수 없다. 우주에서 몸무게를 측정하려면 용수철을 활용한 특별한 방법이 필요하다. 먼저 꽉 눌린 용수철에 사람이 올라탄 다음 용수철의 힘을 풀어준다. 용수철은 올라탄 사람이 가벼우면 급격하게 가속하고 무거우면 완만하게 가속한다. 이때의 용수철의 힘과 가속도로 질량(몸무게)을 측정한다.

가벼운 사람은 크게 가속

수축한 용수철의 힘이 풀릴 때 위에 올라탄 사람이 가벼우면 급격히 가속하고, 무거우면 천천히 가속한다. 이때의 힘과 가속도로 질량(위에 올라탄 사람의 몸무게)을 알 수 있다.

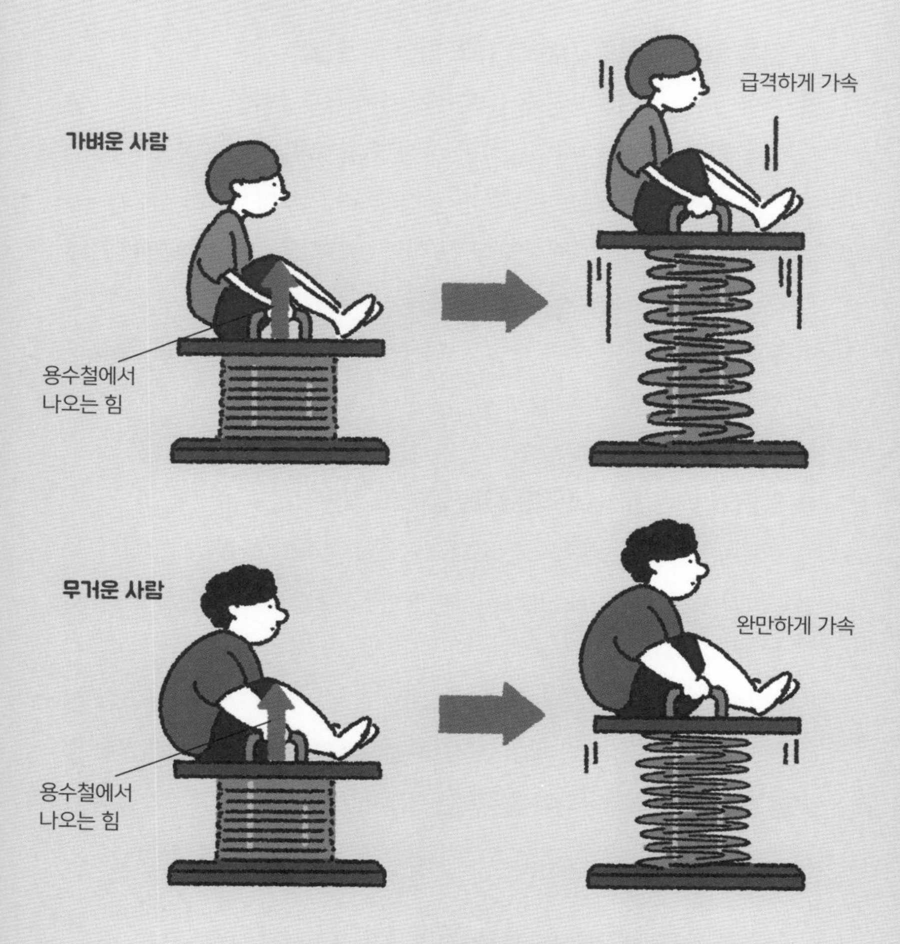

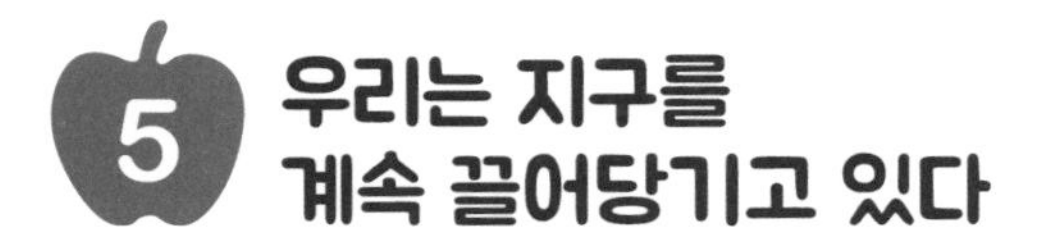

5 우리는 지구를 계속 끌어당기고 있다

힘을 가한 쪽에도 같은 크기의 힘이 작용한다

수영선수는 벽을 힘있게 차면서 강하게 턴을 한다. 이때 수영선수가 벽을 차기 때문에 벽에는 힘이 가해진다. 그러나 선수 자신에게도 힘이 가해지지 않으면 턴을 할 수 없다(운동의 속도를 바꿀 수 없다).

실제로 힘을 가할 때는 언제나 그 힘과 완전히 같은 크기이면서 반대 방향인 힘이, 힘을 가한 쪽에도 작용한다. 이것을 '작용·반작용의 법칙'이라고 한다. 수영선수가 벽을 차면 찬 힘과 같은 크기의 힘으로 벽이 수영선수를 밀어낸다.

떨어져 있는 물체에 작용하는 힘에도 성립한다

작용·반작용의 법칙은 '운동의 제3법칙'이라고 하며 모든 힘에 성립한다. 예를 들어보자. 스카이다이빙에서 사람을 가속하게 하는 것은 지구의 중력이다.

중력처럼 떨어져 있는 물체에 작용하는 힘에도 작용·반작용의 법칙은 성립한다. **즉, 스카이다이빙을 하는 사람이 지구의 중력에 끌려 떨어질 때 지구도 스카이다이빙을 하는 사람에게 끌리고 있다는 말이다.**

작용·반작용의 법칙

스카이다이빙을 하는 사람에게도 작용·반작용의 법칙이 성립한다. 지구가 사람을 당기는 힘(중력)과 같은 크기의 힘으로 사람도 지구를 끌어당긴다.

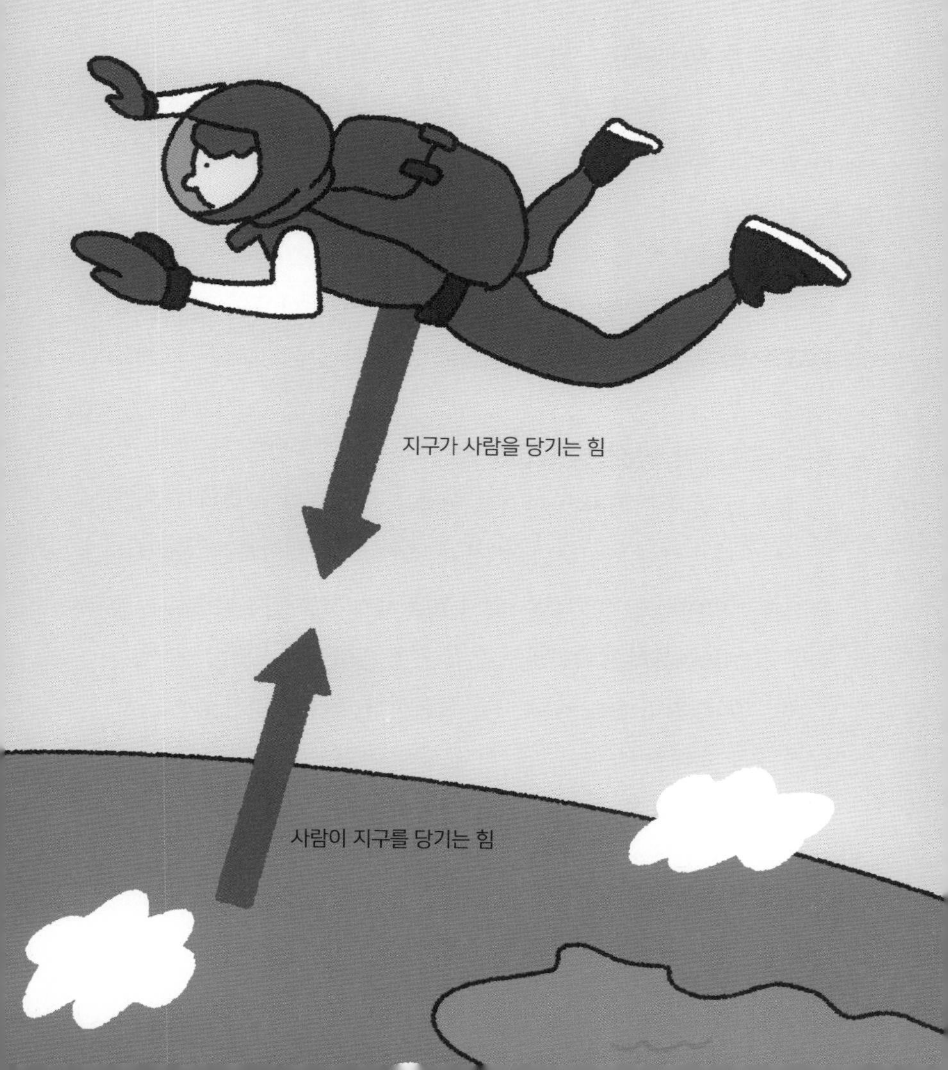

6 달이 날아가지 않는 것은 만유인력 덕분이다

달은 지구에 끌리고 있다

달은 지구 주위를 초속 1km로 계속 돌고 있다. 그렇게 빠른 속도로 움직이는 데도 왜 달은 멀리 날아가 버리지 않을까?

그 이유는 지구와 달이 만유인력으로 서로 끌어당기고 있기 때문이다. 만유인력이 없다면 달은 관성의 법칙에 따라 직선으로 날아가 버렸을 것이다. **하지만 실제로는 만유인력으로 달은 지구에 끌리고 있으므로 진행 방향이 곡선으로 굽는다.**

달은 지구를 향해 '떨어지고 있다'

관성의 법칙을 적용한 경로와 실제의 경로를 비교하면 달은 지구를 향해 '떨어지고 있다'라고도 말할 수 있다. **만유인력에 의해 지구로 당겨지고 있어서 달은 지구를 향해 계속 떨어지고 있으며 지구와의 거리도 거의 일정하게 유지하면서 '원운동'을 이어갈 수 있다.**

힘이 가해지면 물체의 속도는 변화한다. 만유인력 때문에 생기는 달의 속도 변화는 속력이 아니라 방향의 변화이다.

달의 원운동

만약 만유인력이 없다면 달은 관성의 법칙에 따라 직선으로 날아갈 것이다. 만유인력으로 지구에 끌리고 있으므로, 지구를 향해 계속 떨어지면서 원운동을 하는 것이다.

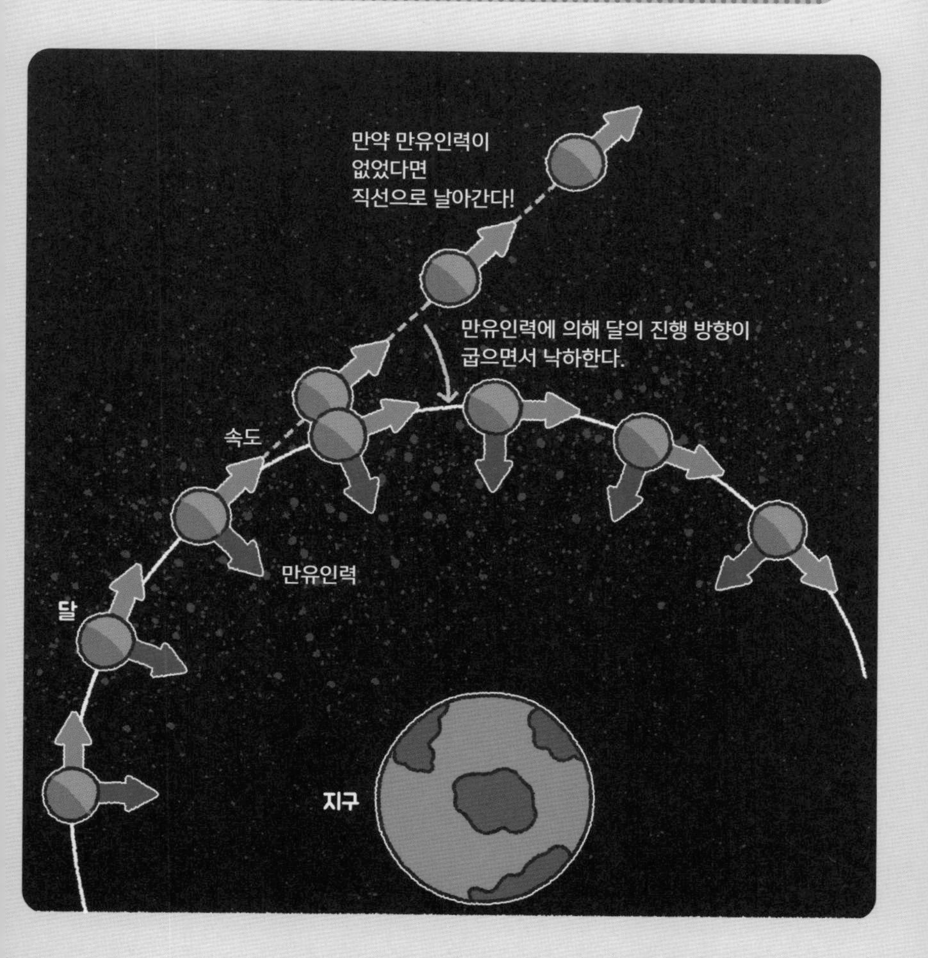

7 공을 초고속으로 던지면 인공위성이 된다

공은 던진 순간부터 낙하하기 시작한다

공을 앞으로 똑바로 던진다고 생각해보자. 만약 만유인력(중력)이 작용하지 않는다면 관성의 법칙에 따라 공은 던져진 후 앞쪽으로 계속 진행할 것이다. 하지만 실제는 만유인력의 영향으로 공의 궤도는 직선 방향보다 아래쪽을 향한다. 이것을 낙하라고 하면 공은 던져진

인공위성이 되려면?

매우 빠른 속도로 공을 던지면 아무리 가도 공이 땅에 떨어지지 않고 그대로 지구 주위를 도는 인공위성이 된다.

속도가 느리면 공의 궤적이 지면과 만난다(지면에 떨어진다).

순간부터 낙하를 시작하는 것이다.

❖ 낙하 폭과 지면의 강하 폭이 일치하면 인공위성이 된다!

공의 속력을 높이면 공이 지면에 떨어지는 지점은 멀어진다. 지구는 구의 형태이므로 지면이 곡선이다. 공에서 보면 지면이 내려가는 것처럼 보인다. 공의 속도가 점점 빨라지면 결국은 공이 낙하하는 폭과 지면이 내려가는 폭이 일치하여 공과 지면의 거리가 줄어들지 않게 된다. **공은 지면에서 일정한 거리를 유지하며 지구 주위를 계속 돈다.** 즉, 인공위성이 되는 것이다(공기 저항이나 지구의 요철은 무시한다). **이때 필요한 속도를 '제1 우주 속도'라고 하며, 초속 약 7.9km이다.**

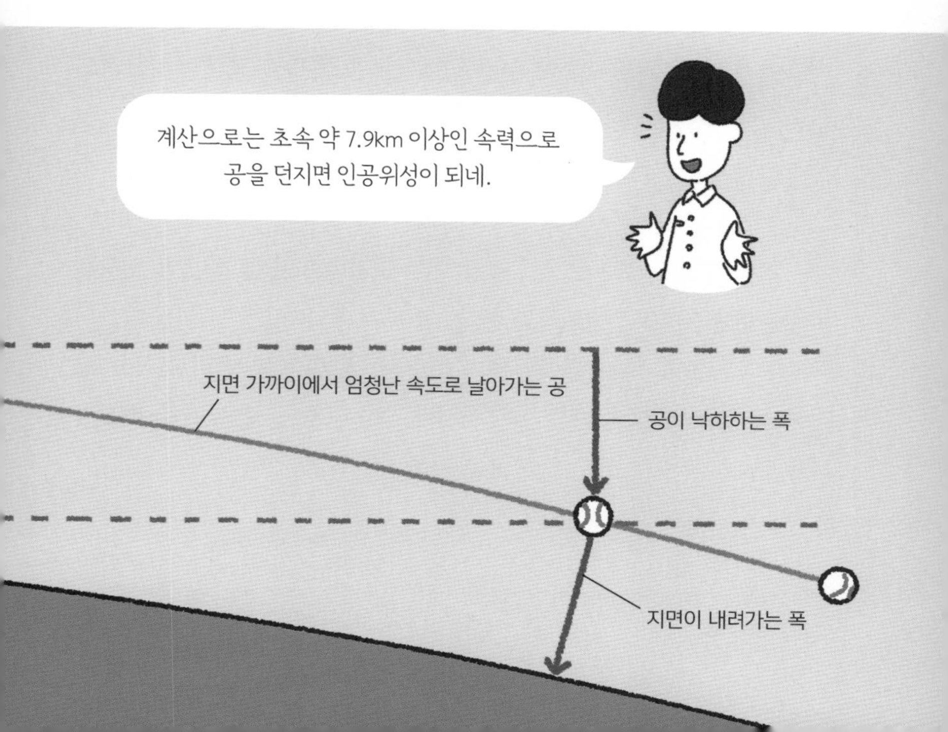

인공위성의 쓰레기가 모이는 '묘지 궤도'

1957년 스푸트니크 1호 이후 지금까지 7000개가 넘는 인공위성이 발사되었고, 현재는 대략 3500개가 지구 주위를 돌고 있다. 그러면 역할을 다한 인공위성은 어떻게 될까?

지상 300~400km 정도의 비교적 낮은 궤도를 돌던 인공위성은 남태평양의 정해진 지점에 떨어진다. 그러나 더 높은 궤도를 도는 인공위성을 지구의 정해진 지점에 떨어지게 하는 것은 기술적으로 어려워 운용 중인 인공위성이 없는 좀 더 높은 궤도로 보낸다. 이 궤도는 상공 4만km 정도에 위치하는데, 수명을 다한 인공위성이 모인다고 해서 '묘지 궤도'라고 한다.

다만, 연료 부족 등의 이유로 실제로 묘지 궤도로 갈 수 있는 인공위성은 불과 3분의 1 정도라고 한다. 이 때문에 운용 중인 인공위성의 궤도에는 묘지 궤도로 들어가지 못한 '좀비 위성'이 많이 떠돌고 있다. 이 좀비 위성이 다른 인공위성에 부딪히지 않도록 지상에서 광학망원경 등으로 항상 감시하고 있다.

8 급정거하면 '관성' 때문에 승객이 넘어진다

급정거할 때 힘을 받는 것처럼 느낀다

버스에 타고 있을 때 버스가 급정거하면 승객은 진행 방향으로 밀리는 힘을 느낀다. 반대로 급가속하면 진행 방향과는 반대 방향으로 밀리는 힘을 느낀다. 이 힘을 '관성력'이라고 한다.

급정거하면 버스는 감속한다. 그러나 승객은 관성의 법칙 때문에 원래의 속도를 유지한 채 앞으로 나아가려고 한다. 그러므로 버스 안에서 보면 승객은 마치 앞쪽으로 힘(관성력)을 받은 것처럼 느끼고 앞으로 고꾸라지는 것이다.

승객에게는 힘이 작용하지 않는다

한편 버스 밖에서 정지해 있는 관측자가 보면 승객은 같은 속도를 유지하고 있는 것으로 보인다. **즉, 승객을 앞쪽으로 미는 힘이 실제로 작용하지는 않는다는 말이다.** 관성력은 속도가 바뀌는 장소(이 경우는 버스 안)에서 볼 때만 나타나는 겉보기 힘이지 실재의 힘은 아니다.

관성력은 속도 변화가 있는 장소에서 본 모든 물체에 작용한다. 버스 안의 승객뿐 아니라 선반 위의 가방이나 공중에 떠 있는 모기, 그리고 공기까지도 관성력을 받는다.

관성력의 정체

급가속 중인 버스에서는 뒤쪽으로 관성력이 작용하고, 승객은 뒤쪽으로 당겨진다(그림 1). 반대로 급정거 중인 버스에서는 관성력이 앞쪽으로 작용하여 승객은 앞으로 고꾸라진다(그림 2). 속도의 변화가 없는 버스 안에서는 관성력이 작용하지 않는다(그림 3).

[1] 급가속 중인 버스 안

[2] 급정거 중인 버스 안

[3] 등속 직선 운동 중인 버스 안

9 하야부사 2호는 연료를 뒤로 버리면서 가속한다!

운동의 세기는 '질량×속도'로 구할 수 있다

2018년 6월 JAXA의 탐사선 '하야부사 2호'가 약 3년 반, 30억km의 항해를 거쳐 소행성 류구(Ryugu)에 도착하였다. 공기조차 존재하지 않는 우주 공간에서는 지면이나 공기를 밀어 가속할 수가 없다. 하야부사 2호는 어떻게 가속할까?

하야부사 2호의 가속은 '운동량 보존의 법칙'으로 설명할 수 있다. '운동량'이란 물체의 '질량×속도'로 구하는 '운동의 세기'를 말한다. **'외부에서 힘이 작용하지 않는 한, 운동량의 총합은 항상 일정하다'는 것이 운동량 보존의 법칙이다.**

연료를 방출하면 반대 방향으로 운동량이 생긴다

하야부사 2호는 '이온엔진'을 탑재했다. 이온엔진은 가속할 때 가스 상태인 제논 이온을 뒤쪽으로 방출한다. 이때 제논 이온을 방출한 만큼 뒤쪽으로 운동량이 생긴다. **운동량 보존의 법칙에 따라 뒤쪽으로 생기는 운동량만큼 앞쪽으로도 운동량을 얻는다.** 하야부사 2호는 이렇게 획득한 운동량으로 앞쪽으로 가속하는 것이다.

이온엔진으로 가속

하야부사 2호는 이온엔진에서 가스 상태의 제논 이온을 분사하여 감속하거나 가속을 하고, 류구의 공전궤도와 같은 궤도에 들어가는 데 성공했다.

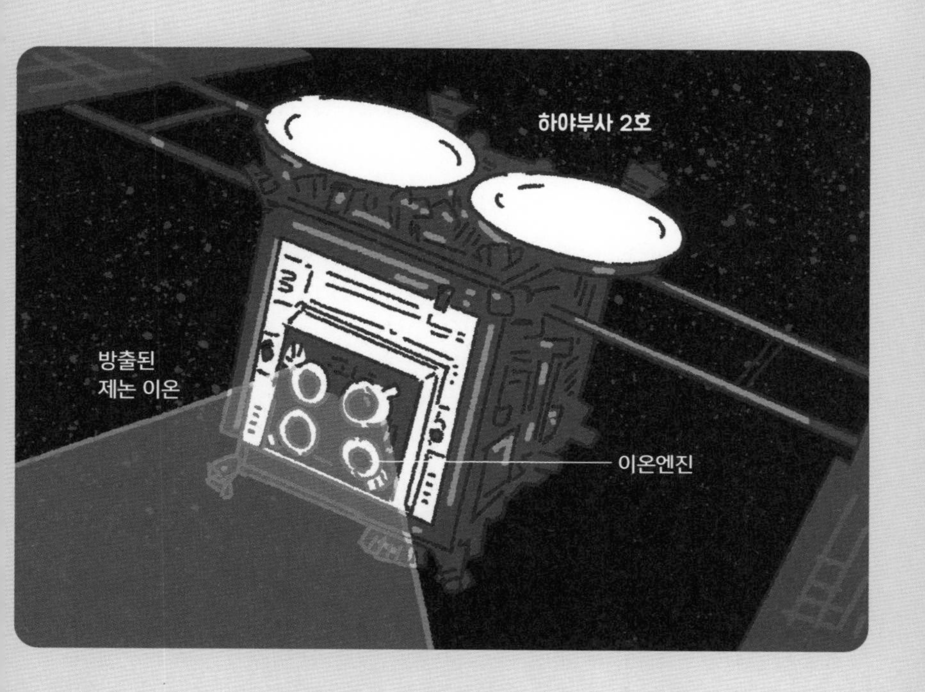

우주유영을 하는 우주비행사가 이동할 때도 가스 분사를 이용한대.

10 '에너지'의 합은 항상 일정하다

공은 운동 에너지와 위치 에너지를 가진다

높은 곳에서 같은 속력으로 테니스공을 칠 때 어느 각도로 치면 공이 바닥에 닿기 직전의 속력이 가장 빠를까? 사실 바닥에 닿기 직전의 공의 속력은 모두 같다(공기 저항은 무시한다). **그 이유는 공이 가지는 '에너지'에 있다. 에너지란 간단하게 말하면 '물체를 움직일 수 있는 잠재능력'이다.** 공은 주로 '운동 에너지'와 '위치 에너지'라는 두 종류의 에너지를 가진다. 운동 에너지는 공이 빠를수록 커지고, 위치 에너지는 공이 높은 위치에 있을수록 커진다.

운동 에너지가 감소하면 위치 에너지가 증가한다

공을 비스듬히 위쪽으로 치면, 공은 점점 느려지고 '운동 에너지'가 줄어든다. 그러나 그만큼 더 높은 위치로 올라가 '위치 에너지'가 증가한다. 그 결과 두 에너지의 총량은 공을 친 직후와 같다. **이렇게 두 에너지의 총량은 공의 위치나 공이 맞는 각도와 상관없이 항상 일정하다.** 이것을 '역학적 에너지 보존의 법칙'이라고 한다. 땅에 닿기 직전인 공은 모두 같은 높이에 있으므로 같은 위치 에너지를 가진다고 할 수 있다. 역학적 에너지 보존의 법칙을 적용하면 이 공들은 모두 같은 운동 에너지를 가지며, 모두 속력이 같다.

땅에 닿기 직전인 공의 속력

역학적 에너지 보전의 법칙에 따라 같은 높이에 있는 공은 같은 위치 에너지와 같은 운동 에너지를 가진다. 즉, 땅에 닿기 직전의 공의 속력은 모두 같다.

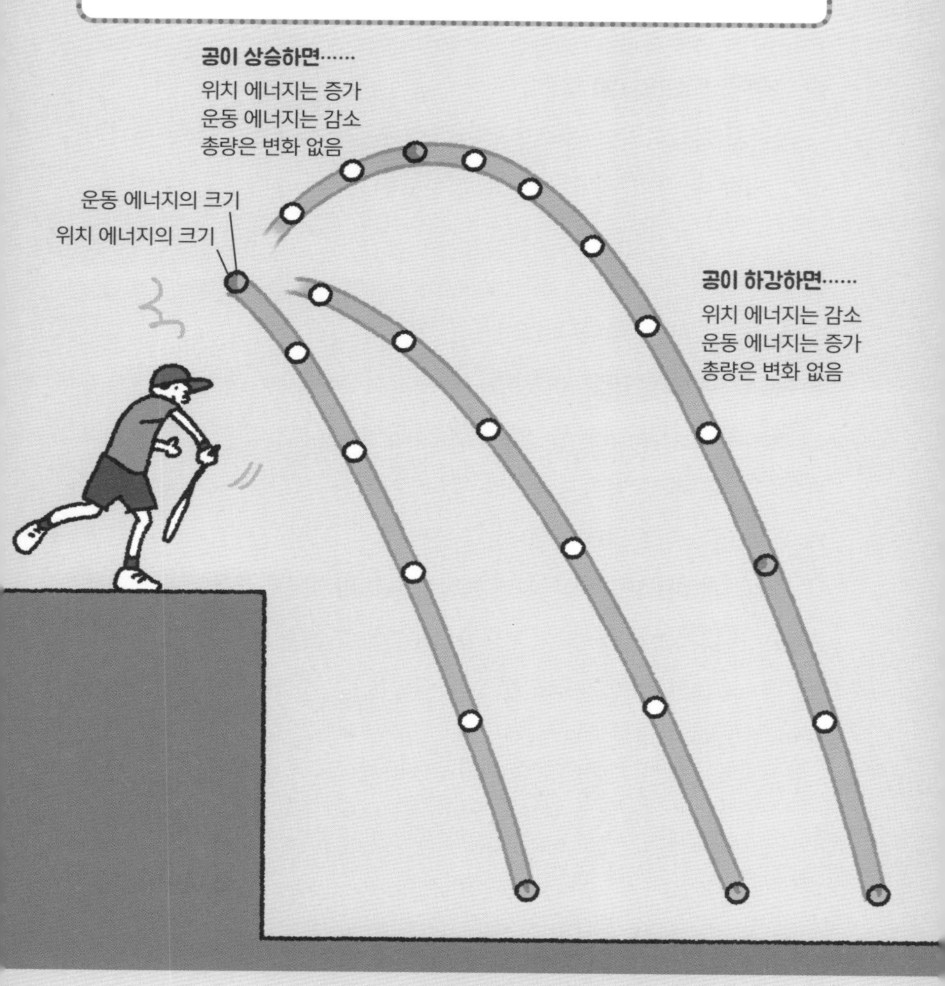

11 스피커는 전기 에너지를 소리로 바꾼다

다양한 형태의 에너지

에너지에는 다양한 형태가 있다. 예를 들면 열 에너지, 빛 에너지, 소리 에너지, 화학 에너지(원자나 분자에 저장된 에너지), 핵 에너지(원자핵에 저장된 에너지), 전기 에너지, 그리고 앞에서 소개한 운동 에너지와 위치 에너지 등이다.

에너지는 서로 바뀔 수 있다

에너지는 서로 바뀔 수 있다. 예를 들면 태양 전지 패널은 태양의 빛에너지를 전기 에너지로 바꾼다. 스피커는 전기 에너지를 사용하여 소리 에너지를 만들어낸다.

에너지가 바뀌어도 에너지의 총량은 늘어나거나 줄어들지 않고 항상 일정하여 변화하지 않는다. 이것을 '에너지 보존의 법칙'이라고 한다. 에너지 보존의 법칙은 역학뿐 아니라 자연현상 모두에 적용되는 중요한 자연계의 법칙이다.

에너지의 전환

태양 전지 패널은 빛 에너지를 전기 에너지로 바꾼다. 또 스피커는 전기 에너지를 소리 에너지로 바꾼다.

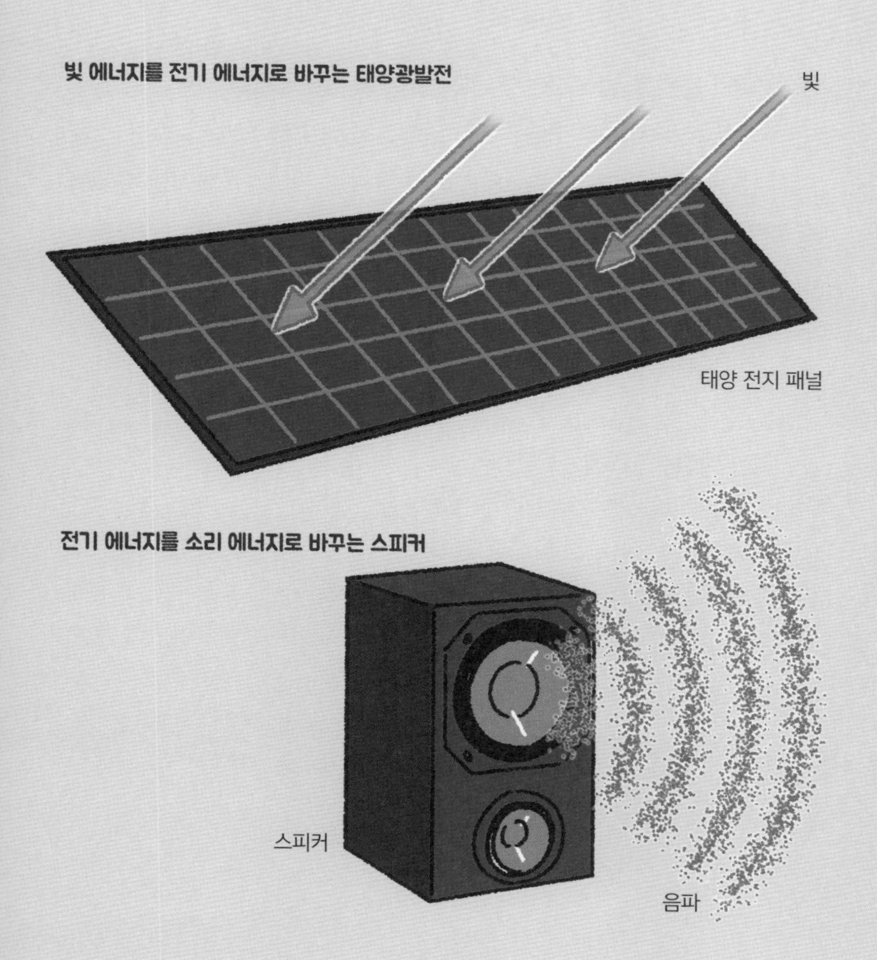

12 마찰이 없으면 걸을 수 없다!

물체의 운동을 방해하는 힘 '마찰력'과 '공기 저항'

역학적 에너지 보존만을 따진다면 컬링 선수가 밀어낸 컬링 스톤은 운동 에너지를 잃지 않고 계속해서 나아갈 것 같다. **하지만 실제로는 '마찰력'이나 '공기 저항'이 있어 컬링 스톤은 멈춰버린다.**

마찰력이란 접촉한 물체 사이에 작용하는, 즉 운동을 방해하는 방향으로 가해지는 힘이다. 두 물체가 접촉하는 한 마찰력은 절대 0이

> **얼음판 위에서도 마찰은 생긴다**
>
> 어떠한 물체끼리라도 접촉하면 반드시 마찰이 생긴다. 얼음판 위에서는 마찰력이 작아지긴 하지만 0이 되지는 않는다.

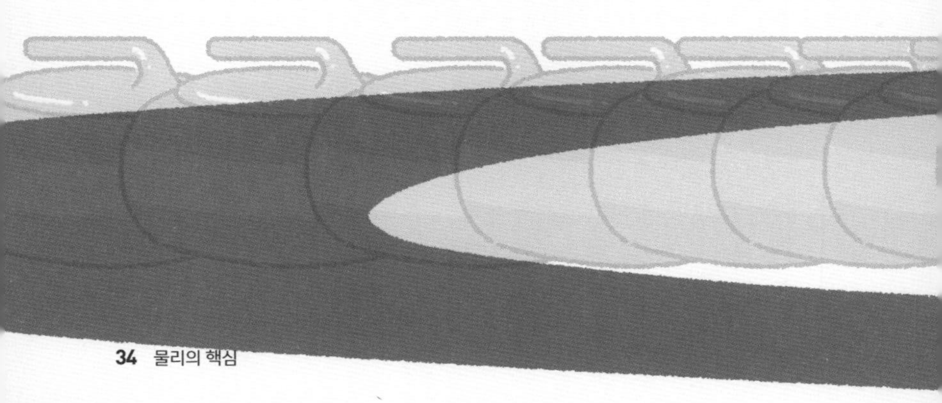

되지 않는다. 공기 저항도 물체의 운동을 방해하는 힘이다. 물체가 공기를 밀어내려고 할 때 공기로부터 반대 방향의 힘을 받는다.

◆ 마찰력이나 공기 저항이 없다면?

마찰력이나 공기 저항은 운동을 방해하는 방해꾼으로 생각될 수도 있겠다. **그러나 이 힘이 없다면 세상은 불편하기 짝이 없을 것이다.** 만약 마찰력이 없다면 지면을 차면서 걸을 수도 없을 뿐 아니라 일단 움직이기 시작하면 멈추기도 어렵다. 또 공기 저항이 없으면 빗방울이 엄청나게 빠른 속도로 떨어지기 때문에 피부에 맞으면 견딜 수 없을 정도로 아플 것이다.

컬링 선수가 던진 컬링 스톤도
마찰이 있으니 반드시 어딘가에서 멈춘대.

바나나 껍질은 왜 미끄러울까?

고전 개그로 흔히 '바나나 껍질을 밟고 넘어지는' 장면이 등장한다. 바나나는 19세기 후반부터 미국과 유럽 등지에 보급되기 시작했는데, 바나나 껍질을 밟고 미끄러져 넘어지는 사람이 실제로도 많았던 모양이다. 그것이 20세기에 들어서 영화 등에서 개그 소재로 쓰였다. 대표적인 작품으로 채플린의 무성 영화 〈바닷가에서(By the sea)〉가 있다.

'도대체 바나나 껍질은 얼마나 미끄러운가'를 과학적으로 검증한 시도도 있었다. **바나나 껍질의 마찰에 관해 연구한 일본 트라이볼로지 학회에 따르면 오래된 바나나의 껍질이면 스키에 필적할 정도로 잘 미끄러진다고 한다.**

일본의 기타사토대학 마부치 기요시 박사는 바나나 껍질 때문에 미끄러지는 메커니즘을 연구하여 2014년에 이그노벨상을 받기도 했다. **연구에 따르면 바나나 껍질의 안쪽에는 작은 캡슐 같은 조직이 있는데, 그것이 밟혀 뭉개지면 안에서 액체가 삐져나와 잘 미끄러지게 된다고 한다.**

제2장
엄청난 힘을 지닌 '공기'와 '열'

'공기'와 '열'은 눈에는 보이지 않아서
우리는 평소에는 그 존재를 인식조차 하지 못한다.
그러나 공기와 열은 제대로 사용하면 엄청난 힘을 발휘할 수 있다.
제2장에서는 공기와 열에 관한 법칙을 자세히 알아보려고 한다.

1 흡착판이 벽에 달라붙어 있는 이유는 공기가 꽉 누르기 때문이다

무수히 많은 분자가 공기 중에 날아다니고 있다

흡착판은 접착제도 없이 어떻게 벽에 달라붙어 있을까? 그 열쇠를 쥐고 있는 것은 우리 주위에 날아다니는 무수한 분자이다.

공기는 눈에 보이지 않을 정도로 작은 '기체 분자'가 많이 모여 있는 것이다. 대기가 상온일 때, 1cm³에는 기체 분자가 대략 10^{19}(1000조의 1만 배)개나 존재한다. 기체 분자는 자유롭게 날아다니며 서로 충돌하거나 벽에 충돌하여 튕겨 나온다.

기체 분자가 충돌하면 힘이 가해진다

기체 분자가 벽에 충돌하는 순간, 벽에는 힘이 가해진다. 기체 분자 하나가 충돌하는 힘은 매우 적지만 끊임없이 대량의 기체 분자가 충돌하기 때문에 모두 합치면 무시할 수 없을 정도로 큰 힘이 된다. 이것이 기체의 '압력'의 정체이다.

흡착판을 벽에 꽉 누르면 흡착판과 벽 사이의 공기가 밀려 나가서 안쪽의 공기 압력이 낮아진다. 그러면 주위 공기의 압력이 더 높아지므로 흡착판은 벽에 꽉 눌려 붙어 있게 된다.

기체 분자의 충돌이 힘을 만든다

공기 중에는 항상 대량의 기체 분자가 날아다닌다. 그 기체 분자가 흡착판에 충돌할 때 작은 힘이 더해지고 그것이 모여 큰 힘이 되어 흡착판을 벽에 꽉 누른다.

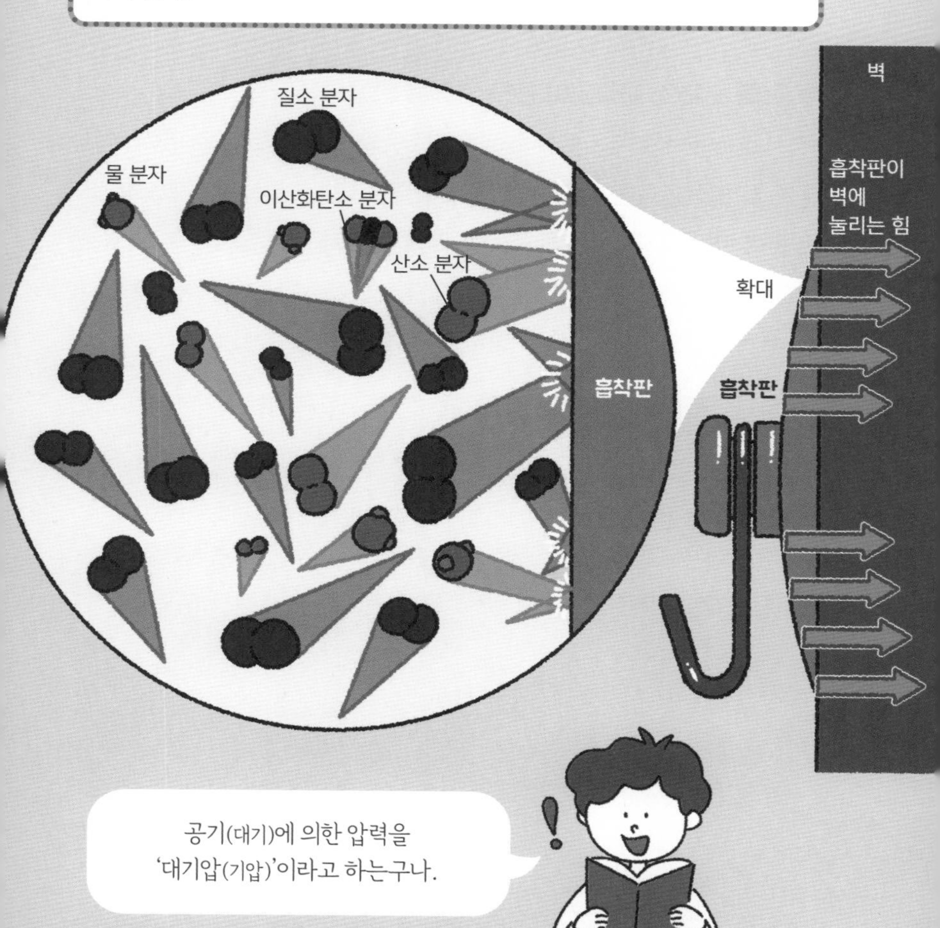

공기(대기)에 의한 압력을
'대기압(기압)'이라고 하는구나.

2 더운 여름에는 기체 분자가 활발히 부딪친다

◆ 기체 분자의 움직임이 온도 차이를 만들어낸다

시리도록 차가운 공기나 몸이 축축 늘어지는 뜨거운 공기, 이런 **온도 차이를 만드는 것은 공기 중에 이리저리 날아다니는 기체 분자의 '활동성'이다.** 고온의 기체에서는 기체 분자가 빠르게 날아다니고 반대로 저온인 기체에서는 기체 분자가 매우 느리게 떠 있다. 또 액체나 고체에서도 마찬가지로 원자나 분자의 운동(고체일 때는 제 자리에

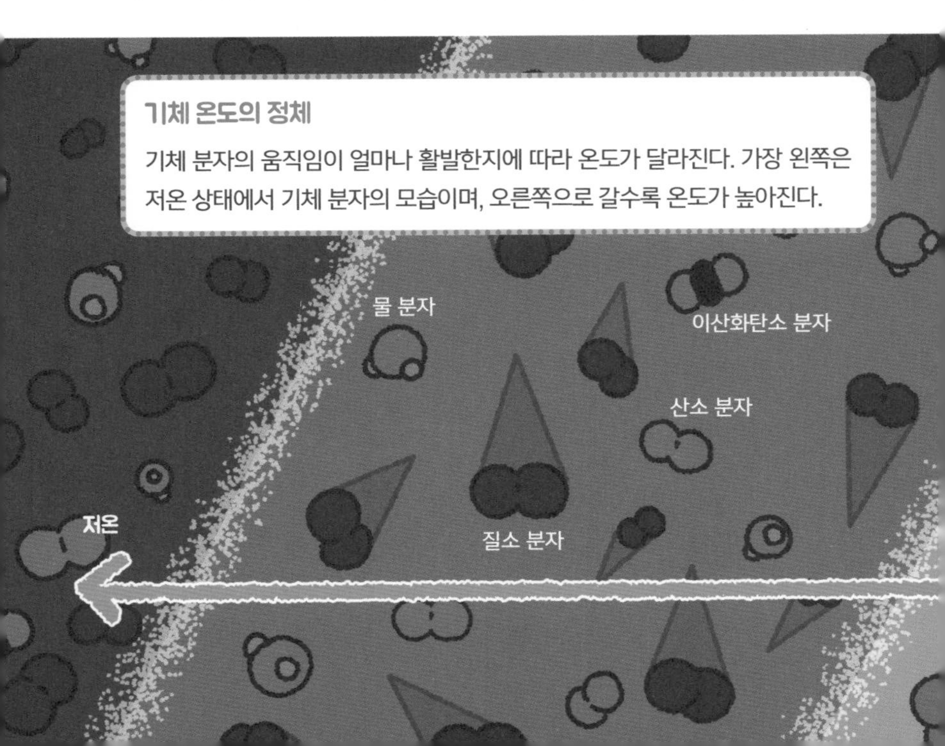

기체 온도의 정체

기체 분자의 움직임이 얼마나 활발한지에 따라 온도가 달라진다. 가장 왼쪽은 저온 상태에서 기체 분자의 모습이며, 오른쪽으로 갈수록 온도가 높아진다.

서의 진동)이 얼마나 활발한지에 따라 온도가 결정된다. **즉, 온도란 '원자나 분자 운동의 활발한 정도'라고 할 수 있다.**

여름에 덥게 느껴지는 이유는 기체 분자가 우리 몸에 활발하게 부딪히면서 기체 분자의 운동 에너지가 우리 몸으로 전해져 온도가 올라가기 때문이다.

◈ 이론상의 최저 온도가 존재한다

온도가 점점 내려가면 원자나 분자의 운동이 줄어들어 결국 이론상의 최저 온도에 도달한다. 이 온도를 '절대 영도'라고 하는데, 그 값은 영하 273.15℃이다. 이 절대 영도를 0으로 지정하고 측정하는 온도가 '절대온도'이다. 단위는 K(켈빈)이다. 0℃는 273.15K이다.

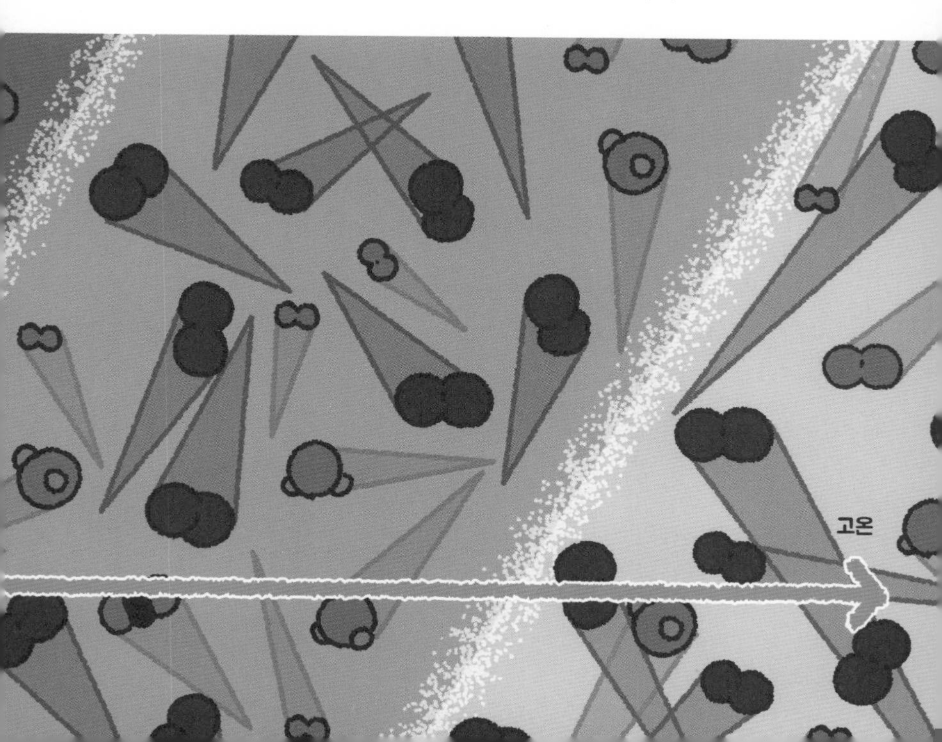

3 비행기 안에서는 과자 봉지가 빵빵해진다

기압이 낮아지면 과자 봉지가 부풀어 오른다

비행기를 타거나 높은 산 정상에 올랐을 때 과자 봉지가 빵빵하게 부풀어 오르는 것을 본 적이 있을 것이다. 높은 곳으로 올라갈수록 공기가 희박해져 기압이 낮아진다. 비행기 안은 기압이 조절되기는 하지만, 그래도 지상의 0.7배 정도밖에 안 된다. 이 때문에 **과자 봉지에 가해지는 압력보다 봉지 안의 기체가 밖을 향해 미는 힘이 강해져 봉지가 부풀어 오른다.**

기체의 압력, 부피, 온도의 관계

과자 봉지에 밀봉된 기체의 상태가 어떻게 변화하는지를 나타내는 식이 있다. **바로 '상태방정식 $PV=nRT$'이다.*** 상태방정식은 기체의 압력(P)과 부피(V), 온도(T)의 관계를 나타낸다(n은 물질량, R은 기체 정수). 과자 봉지의 예로 다시 살펴보자. 이륙 전 지상에서와 이륙 후 상공에서의 비행기 안의 온도(T)가 같다고 하면, 우변은 일정하다.

상공으로 날아올라 비행기 안의 기압이 낮아지면 봉지 안의 기체가 부풀어 봉지의 부피(V)가 커진다. 그만큼 봉지 안 기체의 압력(P)이 낮아져, 상태방정식을 만족한다. 이렇게 하나의 값이 달라지면 이 식을 만족하도록 다른 값이 달라진다.

기내에서 봉지가 부풀어 오르는 이유

비행기에 과자를 들고 타면 봉지가 빵빵하게 부풀어 오를 때가 있다. 이는 주위의 기압이 낮아지고 그만큼 과자 봉지 속의 공기가 부풀어서 생기는 현상이다.

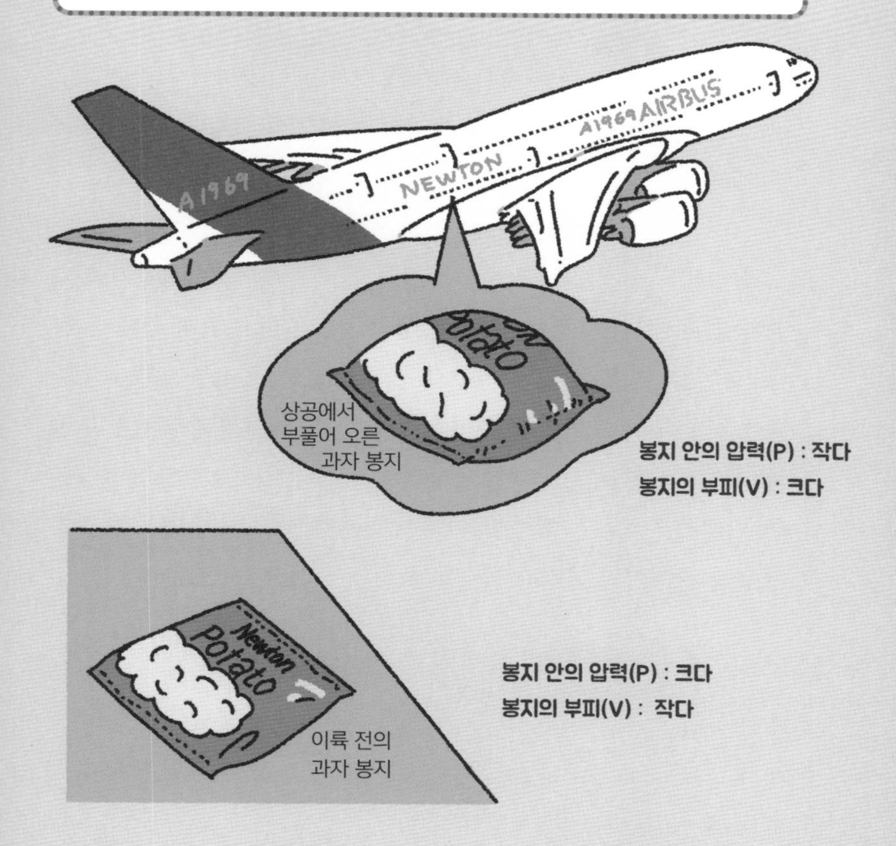

* 엄밀하게 말하면 분자의 크기를 무시할 수 있고, 분자 간에 서로 힘이 미치지 않는 '이상기체'에서만 성립하는 식이다. 실제 기체의 경우는 이 식이 조금 맞지 않을 수 있다.

비행기를 타면 충치가 더 아프다

비행기에 탔을 때 갑자기 이가 욱신욱신 아파지기 시작했다는 이야기를 종종 듣는다. **이러한 통증을 '항공 치통' 또는 '기압성 치통'이라고 한다.**

치아에는 신경이 지나가는 공간이 있다. 이것을 '치수강'이라고 한다. 치수강 안 공기의 기압은 일반적으로 주위 기압과 같다. 그러나 비행기가 이륙할 때는 비행기 안의 기압이 급격히 떨어지기 때문에 치수강 안의 기압과 차이가 생긴다. **이 때문에 치수강 안의 공기와 혈관이 팽창하고 신경은 압박을 받는다. 그 결과로 통증이 발생한다.** 비행기뿐 아니라 등산할 때나 태풍처럼 강한 저기압이 올 때도 이 통증이 생기기도 한다.

그러나 건강한 치아에는 통증이 생기지는 않는다. 치료하지 않은 충치나 치료 중에 덮어놓은 치아, 치근에 염증이 있는 경우에 통증이 나타나기 쉽다. 비행기에 타기 전에는 꼭 충치 치료를 끝내는 것이 좋겠다.

4 뜨거운 물체는 주위의 원자를 강하게 흔든다

온도 차가 있는 물체 사이에 열이 이동한다

차가운 몸을 따뜻하게 하려면 난방을 틀거나 따뜻한 음료를 마신다. 반대로 열이 나는 몸을 식히려면 시원한 바람을 쐬려고 한다. **이렇게 우리는 '온도 차가 있는 물체 사이에 열이 이동한다'라는 사실을 경험으로 알고 있다.**

진동의 차이가 없어지면 온도의 차이가 없어진다

뜨거운 캔 커피를 차가운 손으로 쥐고 있다고 해보자. 뜨거운 캔의 표면에 있는 금속 원자는 그 온도에 맞게 활발한 진동을 하고 있고 차가운 손을 구성하는 분자는 그다지 활발하게 진동하지 않는다.

캔과 손의 경계에서는 진동의 활동성이 서로 다른 원자나 분자들이 접촉하고 있다. **이 원자나 분자들이 계속 충돌하면 손의 표면에 있는 분자가 금속 원자의 진동에 동요되어 활발하게 진동하게 된다.** 즉, 금속 원자의 운동 에너지 일부가 손의 분자에 전달되는 것이다. 최종적으로 캔의 원자와 손의 분자 사이에 진동 차가 사라진다. 즉, 온도 차가 없어질 때까지 운동 에너지가 계속해서 전달된다는 말이다. 이렇게 작은 입자의 충돌로 전달되는 에너지를 물리의 세계에서는 '열'이라고 한다.

금속 원자의 진동이 전달된다

뜨거운 캔의 표면에는 금속 원자가 활발하게 진동하고 있다. 손으로 잡으면 손의 표면에 있는 분자가 강하게 동요하고, 결국 손 내부의 분자까지도 진동하게 되어 열을 느낀다.

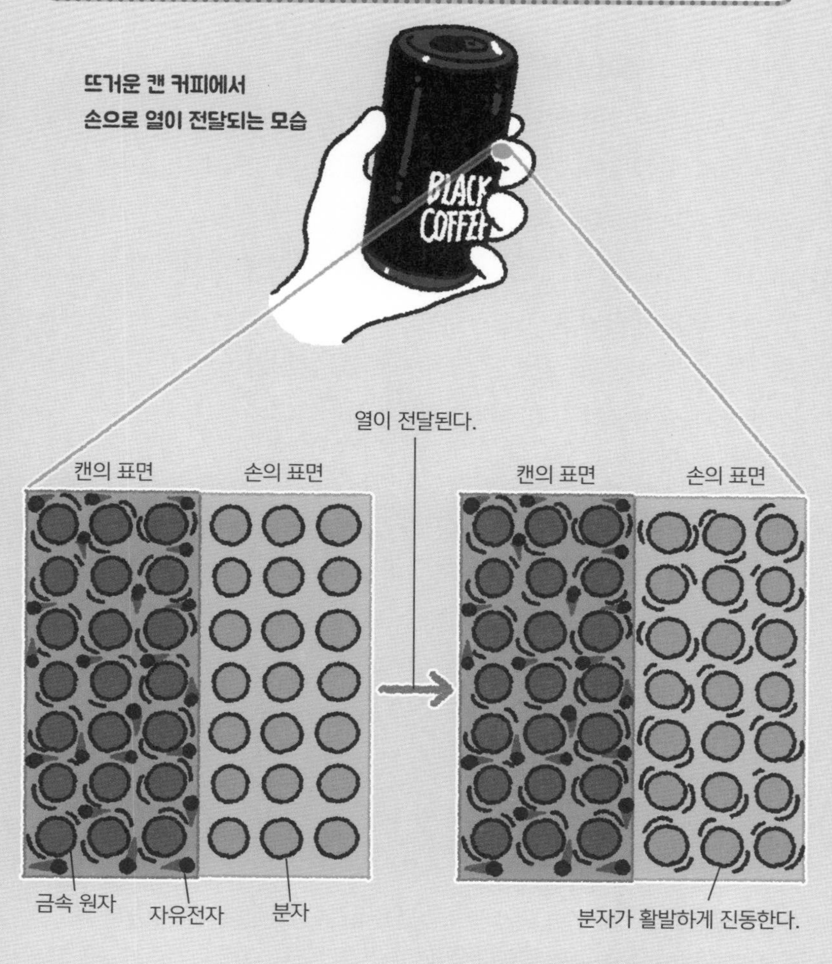

5 '증기기관'이 산업혁명을 일으켰다!

다양한 기계에 사용된 증기기관

1700년대는 산업혁명이 일어나 사람들의 생활이 빠른 속도로 풍족해지기 시작했다. **산업혁명의 계기가 된 것은 영국의 기술자인 제임스 와트(1736~1819)가 개발한 '증기기관'이다.**

와트의 증기기관은 물을 끓여 고온의 수증기를 발생시키고 그 열에너지로 톱니바퀴를 회전시킨다. 톱니바퀴의 회전운동은 지하 깊은 곳에 있는 화물을 끌어 올리는 도르래, 실을 감는 방직기, 또 증기기관차나 증기선의 동력 등 다양한 기계에 활용되었다.

열에너지가 '일'을 한다

증기기관은 수증기의 열에너지로 톱니바퀴를 회전시킨다. 이렇게 에너지가 어떤 물체를 움직였을 때 그 에너지가 '일'을 했다고 말한다. 증기기관의 경우, 일한 만큼 수증기의 열에너지는 감소한다. **기체의 열에너지는 외부로 향한 일의 양만큼 감소한다. 이것을 열역학 제1법칙이라고 한다.**

증기기관뿐 아니라 장치에 일을 계속시키려면 에너지를 외부에서 계속 공급해야 한다. 에너지를 공급하지 않고 일을 계속하는 장치를 '영구 기관'이라고 하는데, 영구 기관을 실현하는 것은 불가능하다.

수증기가 톱니바퀴를 회전시킨다

증기기관은 뜨거운 수증기를 왼쪽과 오른쪽에 교대로 밀어 넣어 피스톤을 왕복하게 하고, 그 운동으로 바퀴를 회전시킨다.

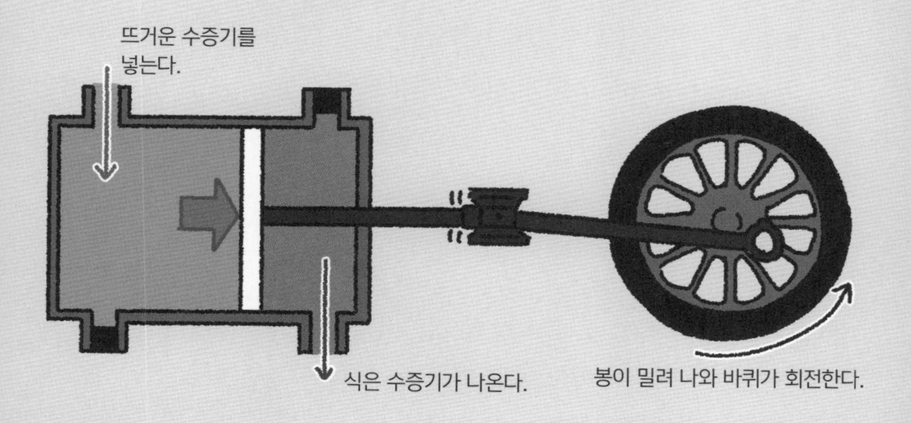

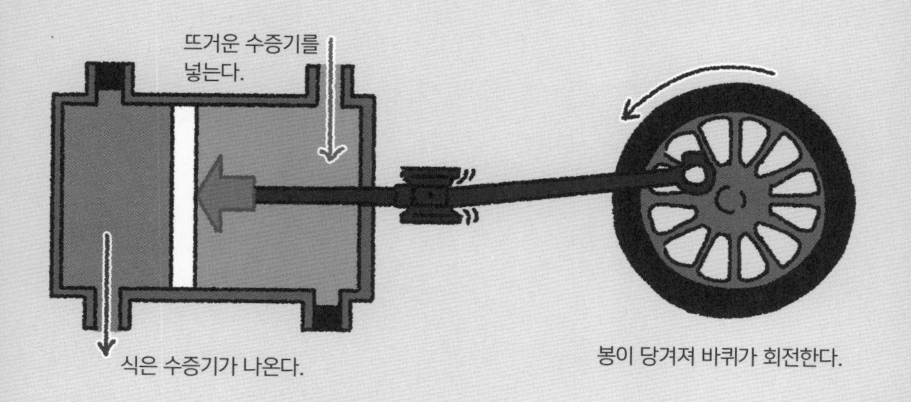

영구 기관은 실현 가능할까?

고등학생인 준영이와 주원이가 물리 숙제로 나온 영구 기관의 실현 가능성에 관해 대화를 나누고 있다.

준영 물리 선생님이 옛날 사람들이 생각했던 영구 기관이 실현 가능한지 고민해보라고 하셨지.

Q1

쇠 구슬과 원반을 사용한 장치이다. 시계방향으로 돌리면 원반의 오른쪽에서는 쇠 구슬이 가장자리로 이동하고 왼쪽에서는 쇠 구슬이 중심으로 이동한다. 원반을 돌게 하는 회전력은 쇠 구슬이 중심에서 벗어날수록 커진다. 원반의 오른쪽에서 쇠 구슬이 가장자리로 쏠리면 시계방향으로 회전력이 가해질 것이다. 이것은 원반이 시계방향으로 회전을 계속하는 영구 기관이 될까?

주원 영구 기관은 마찰이나 공기 저항이 있어도 스스로 계속 움직인다는 거잖아.

준영 오늘 선생님이 보여주신 영구 기관의 예를 보면 실현될 것 같기도 한데 말이야.

Q2

레일과 자석, 쇠 구슬을 조합한 장치이다. 레일 위에 있는 쇠 구슬은 자석에 끌려 비탈을 올라가고 비탈 꼭대기에 있는 구멍에서 밑으로 떨어진다. 비탈의 아래까지 굴러가면 다시 자석에 끌려 레일을 올라가는 동작을 반복할 것 같다. 이것은 영구 기관일까?

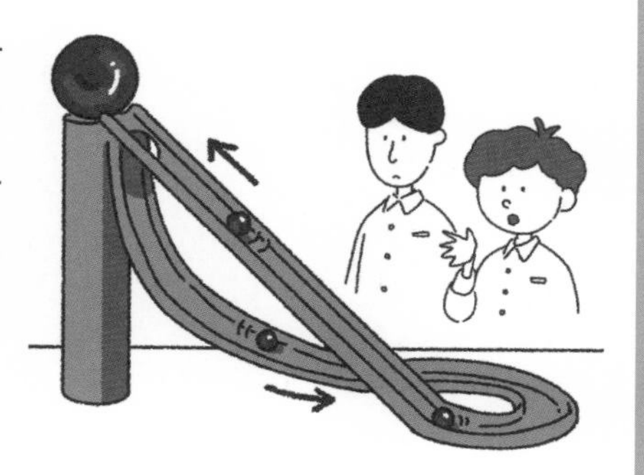

영구 기관은 왜 불가능할까?

A1 영구 기관이 아니다.

회전은 멈춘다. 오른쪽의 그림과 같은 순간에는 반시계방향의 회전력이 시계방향의 회전력보다 강해진다. 평균을 내보면 시계방향의 회전력과 반시계방향의 회전력의 크기는 같다. 그러므로 마찰이나 공기 저항의 영향으로 결국 원반의 회전은 멈춘다.

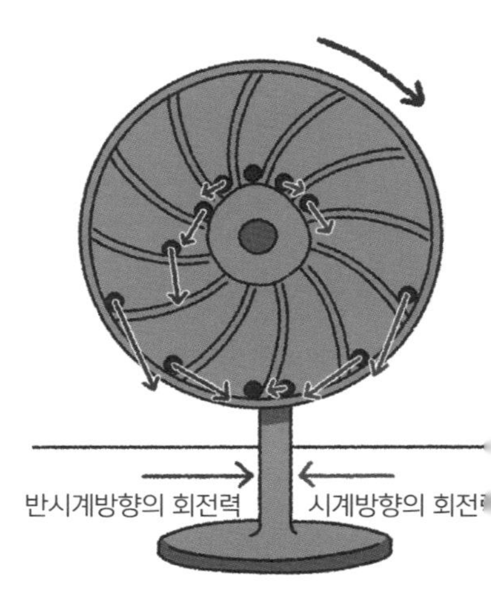

주원 이것들 말고도 다양한 영구 기관이 고안되었다고 하는데 제대로 만들어진 것은 없었나 봐.

준영 자연계의 법칙을 거스를 수는 없구나. 그래도 그런 장치를

A2 영구 기관이 아니다.

쇠 구슬이 계속 움직이지는 않는다. 쇠 구슬을 가장 낮은 지점 A에 두는 경우, 자석의 힘이 약하면 쇠 구슬은 레일을 올라가지 않는다. 반대로 자석이 강하면 쇠 구슬은 레일을 올라가 자석에 달라붙어 버린다(B). 딱 중간이 될 때, 쇠 구슬이 레일을 올라가 구멍에 떨어지면, A지점까지 돌아가지 않고 왕복 운동을 반복하게 되며, 마찰의 영향으로 결국은 중간에 균형이 잡히는 위치(C)에서 멈춘다.

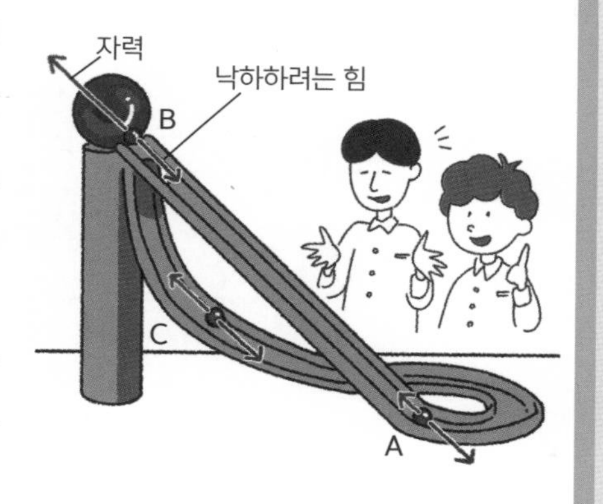

꿈꾸는 마음은 알 것 같아.

주원 맞아, 이왕이면 편하게 성과를 얻는 게 좋지!

신동, 켈빈

1824년 아일랜드에서 태어난 물리학자 켈빈 경 윌리엄 톰슨
10살에 글래스고대학에 입학한 신동이었다.
1846년 글래스고대학의 교수로 취임하였다.
전자기학, 유체역학 등 폭넓은 분야에서 논문을 발표하고, 전자기학과 열역학을 크게 발전시켰다.
K
1848년 절대온도의 개념을 제안하였다.
켈빈(K)이라는 단위가 만들어졌다.
그 뒤 지구의 나이를 측정해보거나
지구의 모양과 강도를 조사하는 등 학문에 전념하며 일생을 보냈다.

산업혁명에 공헌한 와트

1736년
스코틀랜드에서
태어난 제임스 와트

글래스고대학에서
근무할 때
증기기관에
관심을 가졌다.

남다른 손재주와
비상한 발상력을
살려 오래된
증기기관의 설계를
고쳐 보기도 했다.

열량 낭비를 줄이는
연구를 거듭하여
효율을 높이는 데
성공하였다.

1775년
자금을 모아
회사를 설립하였다.

새로운 증기기관을
상품으로 만들어
사업도 성공하고
큰 부를 얻었다.

뒷날
전 세계
산업혁명에도
공헌하였다.

전력의 단위로
사용되는 와트는
그의 이름에서
따왔다.

제3장
'파동'이 만드는 신기한 현상

'파동'은 바다의 물결에서만 볼 수 있는 것이 아니다.
소리나 빛, 휴대전화의 전파 등
우리 생활 속에는 여러 종류의 파동이 넘치고 있다.
제3장에서는 소리나 빛으로 대표되는
주변 현상을 예로 들어 파동의 성질을 소개한다.

1 소리와 빛은 모두 파동이지만 흔들리는 방향이 다르다

◆ 파동이란 주위로 어떤 '진동'이 전달되는 현상

잔잔한 호수에 돌을 던지면 돌이 떨어진 곳에서 동심원 모양의 '물결(파동)'이 퍼진다. **파동이란 주위로 어떤 '진동'이 전달되는 현상이다.** 쉽게 접할 수 있는 파동에는 소리와 빛이 있다.

소리 파동의 예를 들면 스피커에서 발생한 공기의 진동은 주위의 공기를 차례로 떨게 하면서 공간을 퍼져나간다. 소리가 공기 중에서 전달되는 속도는 1초에 약 340m이다. 빛은 공간 자체에 존재하는 '전기장'과 '자기장'의 진동이 전달되는 파동이다(106쪽에서 자세히 설명). 빛은 공기 속을 1초에 약 30만km라는 엄청난 속도로 진행한다.

◆ 소리란 공기의 진동이 전달되는 것

파동은 크게 '횡파'와 '종파' 두 종류로 나눌 수 있다. 파동의 진행 방향에 대해 수직으로 진동하는 파동이 '횡파'이며(오른쪽 위 그림), 파동의 진행 방향과 같은 방향으로 진동하는 파동이 '종파'이다(오른쪽 아래 그림). 빛은 횡파이고 소리는 종파이다. 한 파동의 길이를 '파장'이라고 한다. 횡파의 경우는 마루에서 마루까지의 길이, 종파는 공기가 빽빽한 부분에서 빽빽한 부분까지의 길이에 해당한다. 파장은 뒤에서도 계속 나오므로 기억해두자.

횡파와 종파의 차이

진행 방향에 대해 수직으로 흔들리는 것이 '횡파'이다. 빛은 횡파이다. 이에 비해 진행 방향과 같은 방향으로 흔들리는 것이 '종파'이다. 소리는 종파의 대표 예라고 할 수 있다.

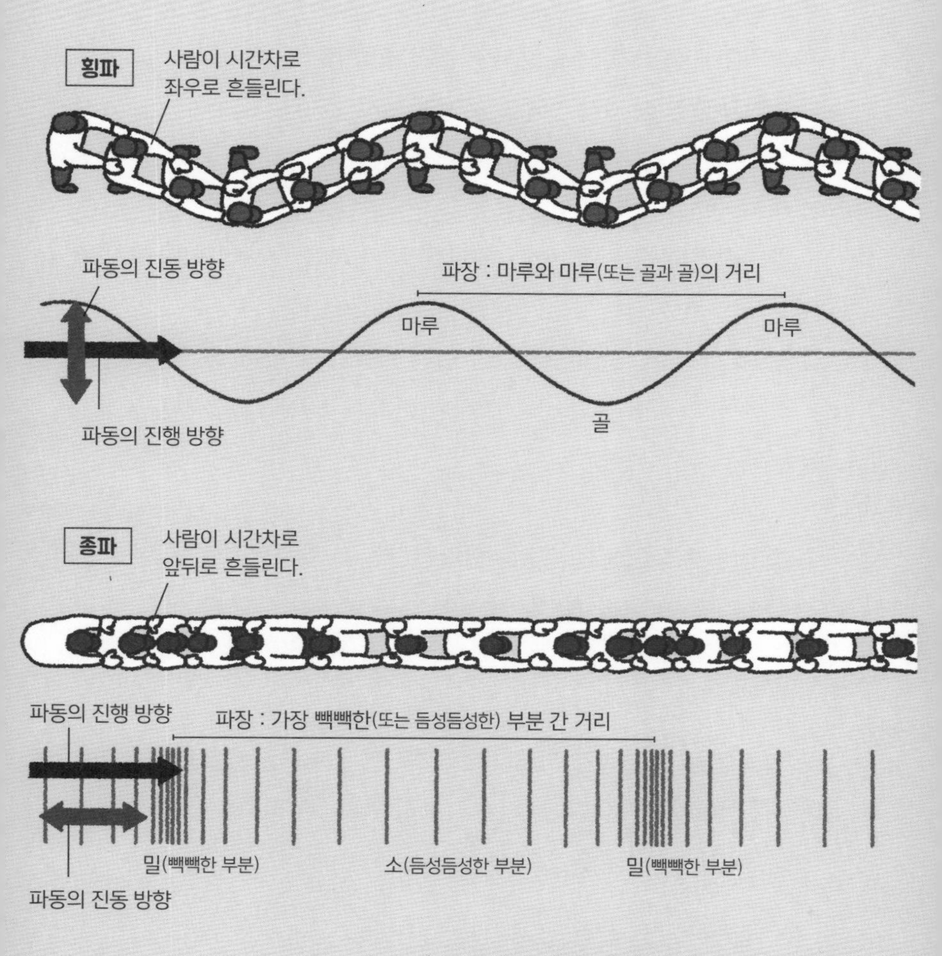

2 소리는 공기가 성긴 부분과 빽빽한 부분이 교대로 전달되는 현상

공기의 진동이 귀에 도달하면 소리가 들린다

소리가 들릴 때 귀에 전달되는 것은 공기의 '진동'이다. 예를 들어 북을 두드리면 북의 가죽이 진동한다. 이 진동이 주위의 공기에 전달되면 북의 '둥' 소리가 들린다.

공기의 진동은 어떻게 생기는 것일까? 북을 두드리면 북의 가죽이 갑자기 푹 꺼진다. 그러면 가죽 주위의 공기가 희박해지고 밀도가 낮은 '소' 부분이 생긴다. 그다음 순간에는 북의 가죽이 격렬하게 튀어 오른다. 그러면 북의 가죽 주위의 공기가 압축되어 공기의 밀도가 높은 '밀' 부분이 생긴다.

공기는 그 자리에서 진동을 반복한다

북의 가죽이 튀어 올랐다가 움푹 꺼질 때마다 주위 공기에 '밀' 부분과 '소' 부분이 생기고 주위로 전달된다. 이때 공기는 그 자리에서 앞뒤로 진동을 반복한다.

'소'와 '밀'의 변화가 차례차례 전해지는 현상을 '소밀파'라고 한다. 이것이 음파의 정체이다. 북의 '둥' 소리가 들릴 때 귀는 공기가 반복하는 '소밀파의 진동'을 느끼는 것이다.

소리의 정체는 '소밀파'

북을 두드리면 공기가 강하게 진동하고 공기가 빽빽하게 모인 '밀' 부분이나 공기가 성긴 '소' 부분이 번갈아 생긴다. 이처럼 공기의 '밀' 부분과 '소' 부분이 반복되며 주위로 퍼져나가는 '소밀파'가 소리의 정체이다.

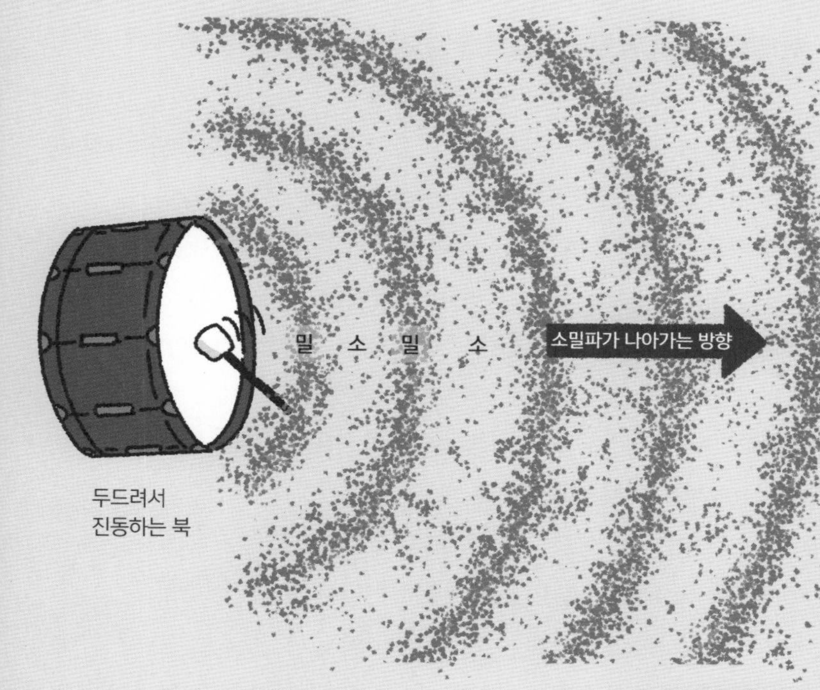

3 지진파에는 종파와 횡파가 있다

◆ P파는 세로 방향으로 요동을 일으킨다

일본에서 자주 경험하는 파동으로는 '지진파'가 있다. 지하 단층에서 지층이 어긋나면 그 충격이 지진파가 되어 퍼져나가며 땅 위를 흔든다. 이것이 지진이다.

땅속에서 전달되는 지진파에는 'P파'와 'S파'가 있다. P파란 '최초의 파동(primary wave)'을 의미하는데, 속도가 빠르고 가장 먼저 지상에 도달해 초기미동을 일으킨다(지각에서는 초속 약 6.5km이다. 단, 장소에 따라 속도가 달라진다). **P파는 종파이며 지반을 파동의 진행 방향으로 흔든다.** 지진파는 대개 지면과 수직에 가까운 아래쪽에서 온다. 이 경우 P파는 위아래로 흔들린다.

◆ S파는 땅 위에서 가로로 크게 흔들린다

P파보다 늦게 도착하는 것이 'S파'이다. S파란 '두 번째 파동(secondary wave)'을 뜻한다. S파의 속도는 지각에서 초속 약 3.5km로 P파보다 느리다. **S파는 횡파이며 대개 땅 위에서는 큰 가로 요동으로 감지된다.** 피해를 일으키는 것은 주로 S파이다.

종파인 P파, 횡파인 S파

P파는 파동의 진행 방향으로 진동하는 종파이다. S파보다 빨리 지상에 도달하고 초기미동을 일으킨다. 그에 비해 S파는 진행 방향에 수직으로 진동하는 횡파이다. P파보다 늦게 도달하고 지상을 크게 흔든다.

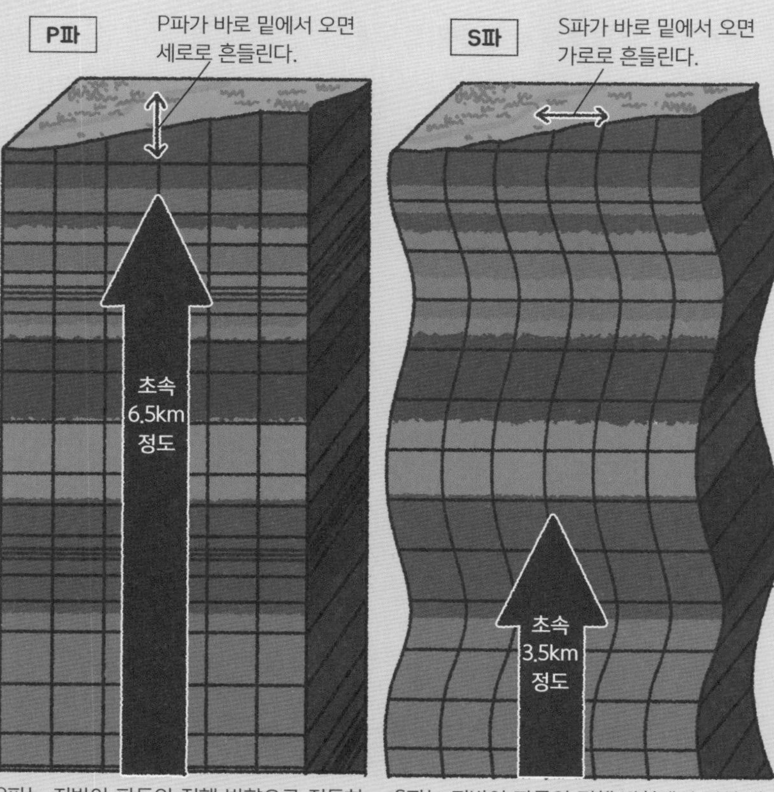

P파는 지반이 파동의 진행 방향으로 진동하는 종파(소밀파)이다. 그림에서는 소밀의 이미지를 보조선으로 나타내었다. 바로 밑에서 오면 위아래 흔들림으로 느껴진다.

S파는 지반이 파동의 진행 방향에 수직인 방향으로 진동하는 횡파이다. 초속 3.5km 정도이며, P파보다 늦게 지상에 도달하고 지상을 크게 흔든다. 바로 밑에서 오면 좌우 흔들림으로 느껴진다.

4 구급차 사이렌 소리가 달라지는 건 파동의 길이가 달라지기 때문이다

진동수가 클수록 높은 소리로 들린다

'삐뽀삐뽀' 구급차가 사이렌을 울리며 가까워진다. **눈앞을 지나가는 순간, 사이렌 소리는 지금까지보다 낮은 소리로 변한다.** 이 현상은 '도플러 효과'에 의한 것이다.

소리의 높이는 소리 파동의 '진동수(주파수)'로 결정된다. 진동수란

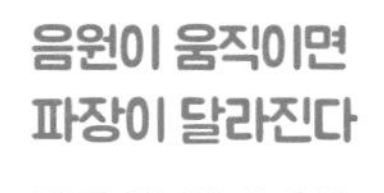

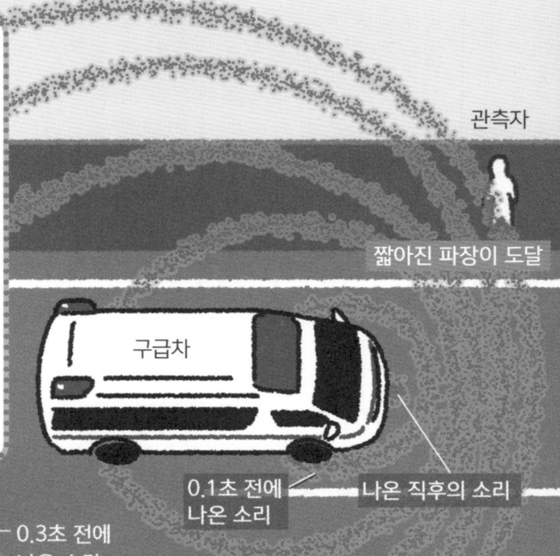

1초간 파동이 진동하는 횟수이며, 단위는 Hz(헤르츠)이다. 소리의 경우 진동수가 클수록(공기가 빠르게 진동할수록) 높게 들린다.

◆ 구급차의 전방에서는 파장이 짧아진다

구급차가 사이렌을 울리며 전진하면 구급차의 전방에서는 소리의 파장(파 하나의 길이)이 짧아진다. 소리의 파장이 짧다는 것은 소리의 파동이 연달아 이어져 온다는 뜻이므로 진동수가 커진다고 할 수 있다. **이렇게 음원이 다가올 때는 원래의 소리보다도 진동수가 커져 높은 소리로 들린다.** 반대로 구급차가 멀어질 때는 소리의 파장이 늘어나(길어져) 진동수가 작아지며, 원래의 소리보다 낮게 들린다.

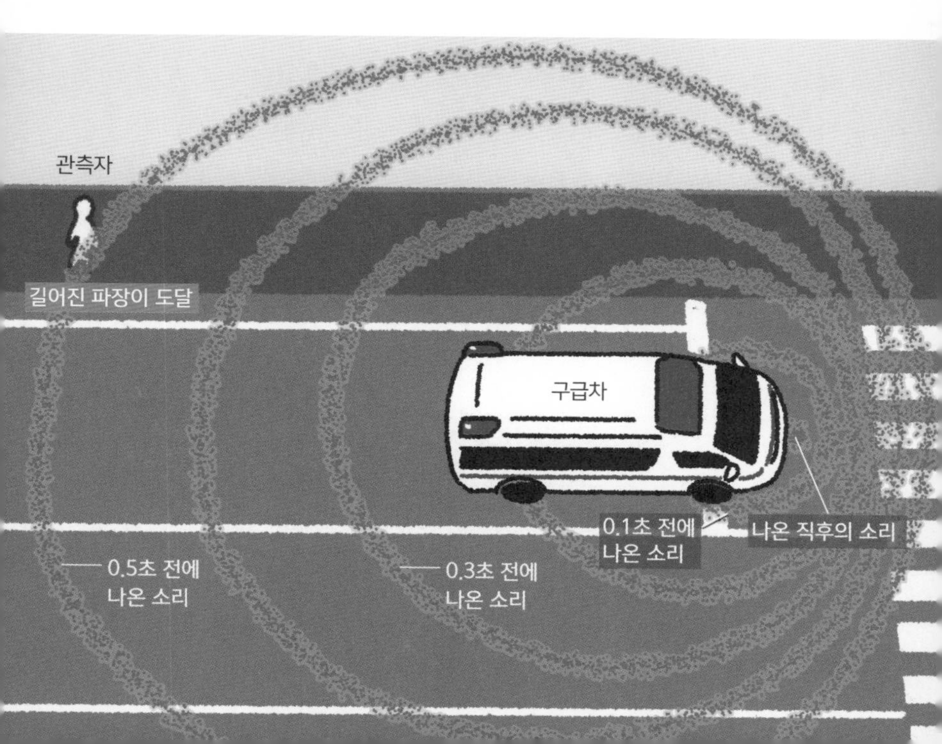

박사님! 알려주세요!

투수가 던지는 공의 속도는 어떻게 측정할까?

요즘 고교야구는 정말 대단하던데요! 시속 150km를 넘는 공을 던지는 투수가 많대요.

그 구속은 어떻게 측정하는지 아니?

포수가 잡을 때 소리의 크기로 재는 걸까요?

그럴 리가 있겠니! 도플러 효과를 이용한단다. 속도 측정기로 구속을 측정할 때는 전파를 공을 향해 발사해. 그러면 전파는 볼에 반사되어 속도 측정기로 돌아오지. 공이 빠를수록 반사되어 돌아오는 전파의 파장이 짧아진단다.

공의 속도에 따라 돌아오는 파동의 파장(주파수)이 다르니 발사한 파동의 주파수와 비교해서 구속을 계산할 수 있겠네요!

그렇지. 자동차의 속도위반 단속 장치에도 쓰고, 혈류계에도 도플러 효과를 응용한단다.

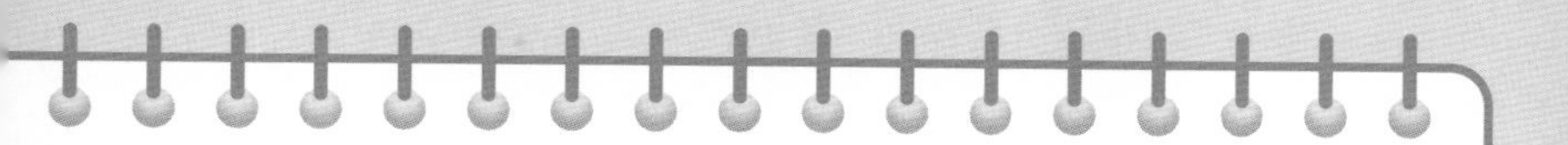

150

5 컵에 물을 부으면 컵 바닥에 놓인 동전이 떠올라 보인다

◆ 빛의 왼쪽과 오른쪽에 속도 차가 생긴다

빛이 공기 중에서 물로 들어갈 때 빛의 진로가 꺾이는 현상을 '굴절'이라고 한다. **이것은 빛이 진행하는 속력이 공기 중과 물속에서 달라지기 때문에 생기는 현상이다.**

빛이 공기에서 물로 진입하는 경우를 생각해보자. 빛은 공기 중보다도 물속에서 진행 속도가 느리다. 오른쪽 그림과 같이 빛이 위쪽에서 비스듬히 물로 진입할 때 먼저 물에 진입한 부분(빛의 왼쪽)은 진행 속도가 느려진다. 한편 나중에 물로 진입하는 부분(빛의 오른쪽)은 진행 속도가 바뀌지 않기 때문에 빛의 폭 좌우에서 속도 차가 발생한다. 그 결과 빛의 진로가 꺾여 굴절이 일어난다. 굴절 각도는 물질 간의 속도 차에 의해 결정되고 속도 차가 클수록 크게 꺾인다.

◆ 컵 바닥에 놓인 동전이 떠올라 보인다

컵 안에 동전을 넣고 물을 부으면 동전은 원래 위치보다 조금 떠올라 있는 것처럼 보인다. 이것은 빛의 굴절 때문에 생기는 현상이다. **빛의 진로는 굴절하여 꺾이는데, 우리의 시각은 '빛은 직진했을 것이다'라고 인식한다.** 그래서 원래의 동전 위치보다 높은 곳에서 빛이 나온다(물체가 높은 위치에 있다)고 착각하는 것이다.

빛의 굴절

빛이 공기에서 물로 진입하는 모습을 나타낸 그림이다. 공기보다 물속에서 빛이 나아가는 속력이 느리므로 그림과 같이 오른쪽과 왼쪽에서 속도 차가 생긴다. 그 결과 진로가 꺾인다.

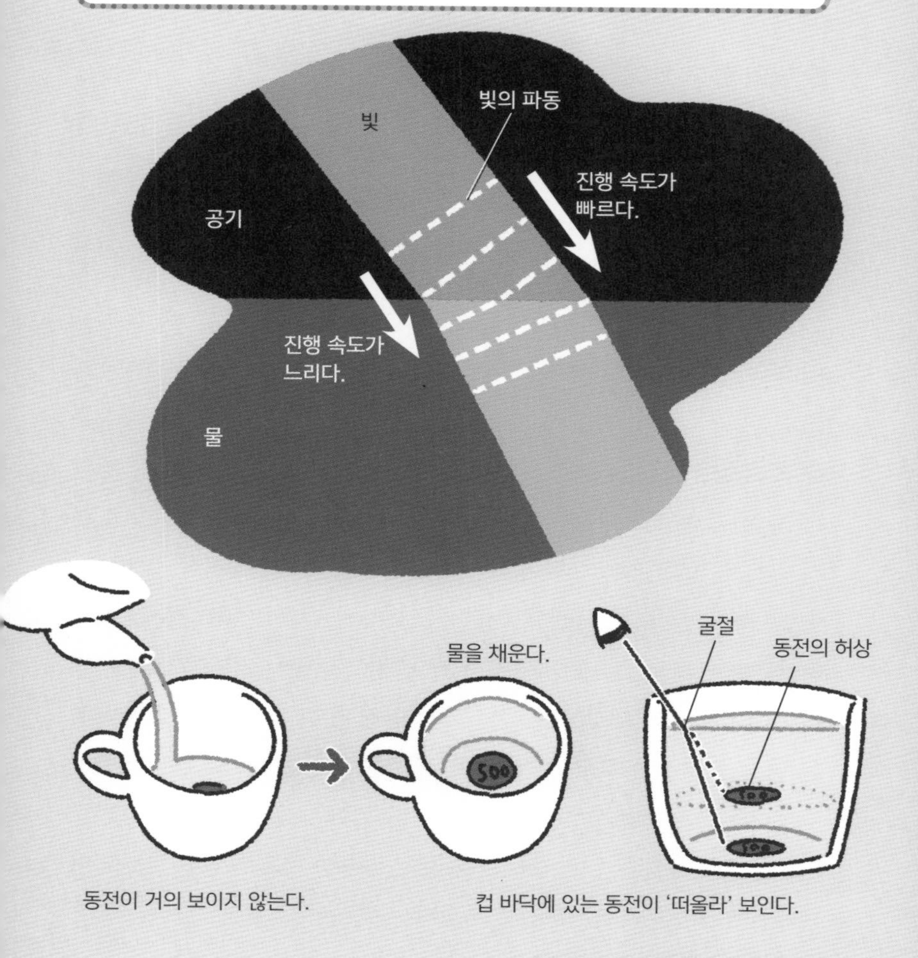

6 태양광은 일곱 가지 색깔의 빛이 합쳐진 것이다!

빛의 파장 차이가 색의 차이

우리는 빛의 파장 차이를 색의 차이로 인식한다. 파장이 긴 빛은 빨간색, 파장이 짧은 빛은 보라색이나 푸른색으로 인식한다. 빛(가시광선)과 전파, 적외선, 자외선, X선 등은 파장이 다를 뿐이지 모두 같은 '전자기파'이다.

태양광(백색광)은 여러 가지 파장(색)의 빛이 서로 섞인 빛이다. 유리 삼각기둥(프리즘)을 사용하면 태양광을 일곱 색으로 나눌 수 있다.

프리즘은 파장에 따라 태양광을 일곱 색으로 나눈다

빛이 유리 속으로 들어가면 그 속도는 공기 중에서보다 약 65% 정도까지 느려진다. 게다가 파장(색)에 따라 유리 속에서 진행하는 속도, 다시 말해 굴절하는 각도가 근소하게 다르다. **이 때문에 흰색 태양광이 프리즘으로 들어가면 파장(색)에 따라 굴절 각도가 달라져 무지개처럼 일곱 가지 색으로 나뉜다.** 이렇게 빛이 파장(색깔)별로 나뉘는 현상을 '분산'이라고 한다.

비가 갠 후 하늘에 걸리는 무지개는 위에서 설명한 빛이 프리즘이 아니라 공기 중에 떠 있는 무수한 물방울을 통과하면서 분산되어 생기는 현상이다.

태양광을 분해한다

빛은 파장에 따라 색이 결정된다. 또 파장(색)에 따라 유리 속을 진행하는 속도가 다르므로 태양광을 프리즘에 통과시키면 색을 나눌 수 있다.

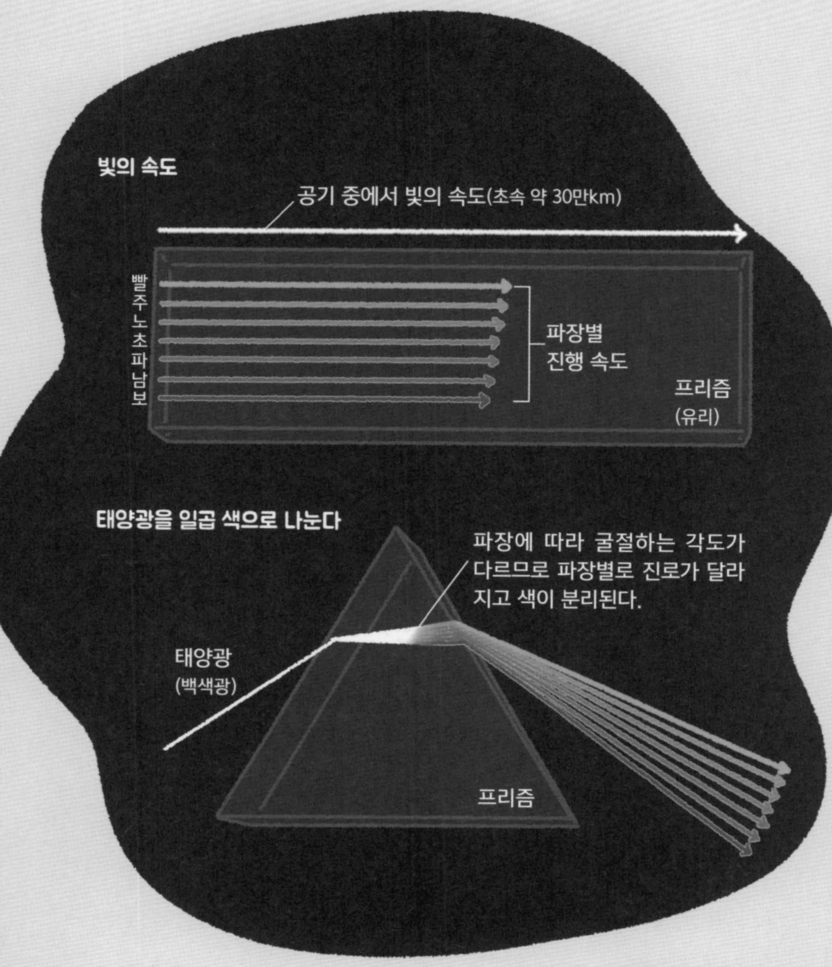

7 비눗방울의 막이 알록달록한 이유는 빛을 서로 강하게 하기 때문이다

◆ 비눗방울에 닿은 빛은 서로 다른 경로로 진행한다

비눗방울은 원래는 무색투명하다. 그런데 공중에 떠다니는 비눗방울에는 무지개 같은 무늬가 있는 것처럼 보인다. 이 현상도 빛이 파동인 것과 관련이 있다. 비눗방울에 빛이 닿으면 빛 일부는 비눗방울 막의 표면에서 반사되고, 일부는 막 안으로 들어간다. 막 안으로 들어간 빛 일부는 막의 바닥 면에서 다시 반사되어 막의 표면으로 나간다. **즉, 서로 다른 경로로 진행하는 두 빛이 막의 표면에서 합류하여 우리의 눈에 도달하게 된다**(오른쪽 위 그림).

◆ 두 개의 빛은 서로 보강하거나 상쇄한다

막의 바닥 면에서 반사된 빛은 표면에서 반사된 빛보다 조금 먼 거리를 진행한다. 그 결과 합류한 두 빛의 파동은 '마루와 골의 위치'(위상)가 어긋나 서로 강하게 하거나 약하게 한다. 마루와 마루가 겹쳐지는 파동은 강해지며, 마루와 골이 겹치는 파동은 약해진다(오른쪽 아래 그림). 이런 현상을 '간섭'이라고 한다.

비눗방울의 표면이 알록달록한 이유는 간섭으로 강해진 빛의 색이 보이기 때문이다. 빛이 반사되는 위치나 보는 각도에 따라 강해지는 빛의 파장(색)이 조금씩 바뀌어 무지개 같은 무늬가 보이는 것이다.

비눗방울 막에서 일어나는 간섭

비눗방울의 표면에서는 서로 다른 경로로 진행된 빛이 간섭한다. 파장(색)에 따라 간섭이 일어나는 위치나 각도가 달라 비눗방울이 알록달록하게 보인다.

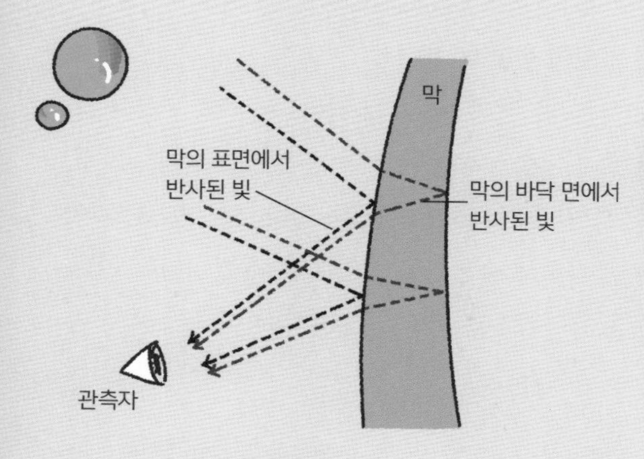

비눗방울의 막에서 일어나는 빛의 간섭

비눗방울 막의 표면에서는 서로 다른 경로로 진행한 두 빛이 간섭하여 특정 파장(색)의 빛이 보강되거나 상쇄된다. 그 빛이 관측자의 눈에 도달한다.

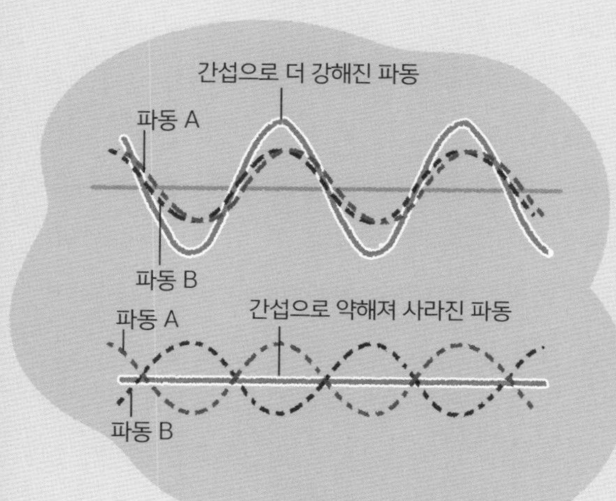

보강 간섭, 상쇄 간섭

두 파동 A와 B가 간섭하는 경우, 마루끼리 또는 골끼리 겹쳐 보강되는 경우(위)와 마루와 골이 겹쳐 상쇄되는 경우(아래)가 있다.

8 소리는 벽을 타고 돌아서 온다

✦ 파동은 장애물이 있으면 돌아서 간다

눈에 보이지는 않는데 벽 건너편에서 소리가 들릴 때가 있다. 이것은 소리가 파동이기 때문에 생기는 현상이다.

파동은 장애물이 있으면 돌아서 가는 성질이 있다. 이것을 '회절'이라고 한다. 회절은 기본적으로 파동의 파장이 길수록 일어나기 쉽다. 사람 목소리의 파장은 1m 전후로 비교적 길어서 벽이나 건물을 돌아서 가기 쉽다.

✦ 빛은 대부분 회절하지 않는다

회절은 휴대전화 통신에도 중요한 역할을 한다. 휴대전화 전파의 파장은 수십cm~1m 정도이다. **이 정도의 파장은 벽이나 건물과 같은 장애물을 쉽게 돌아갈 수 있어 전파를 중개하는 기지국에서 직접 보이지 않는 건물의 뒤쪽에도 전파를 닿게 할 수 있다.**

반면에 빛(가시광선)의 파장은 0.0004mm~0.0008mm이다. 파장이 짧아서 일상생활에서는 거의 회절하지 않는다. 그늘이 생기는 것을 보아도 알 수 있다. 만약 빛이 회절한다면 직접 태양의 빛이 닿지 않는 건물 뒤에도 태양의 빛이 돌아서 가 그늘이 생기지 않을 것이다.

소리의 회절

사람 목소리의 파장은 0.5~1m이다. 실제 목소리는 3차원으로 퍼지므로 벽의 옆쪽뿐 아니라 위쪽으로도 돌아간다.

9 하늘이 푸른 이유는 공기가 파란색 빛을 산란시키기 때문이다

미세한 입자에 부딪히면 빛은 사방팔방으로 튄다

나무나 구름 사이로 빛이 비치는 '빛 줄기'를 본 적이 있을 것이다. **이 빛은 먼지나 물방울과 같은 미세한 입자에 태양광이 부딪혀 사방팔방으로 튀기 때문에 보이는 것이다.** 빛이 사방팔방으로 흩어지는 현상을 '산란'이라고 한다. 산란을 일으키는 먼지가 없다면 '빛 줄기'는 볼 수 없다.

공기 분자가 빛을 산란시킨다

공기 분자 때문에 생기는 산란은 파란색이나 보라색에서 일어나기 쉽다. 그러므로 하늘을 보면 산란된 파란빛이 눈에 들어온다.

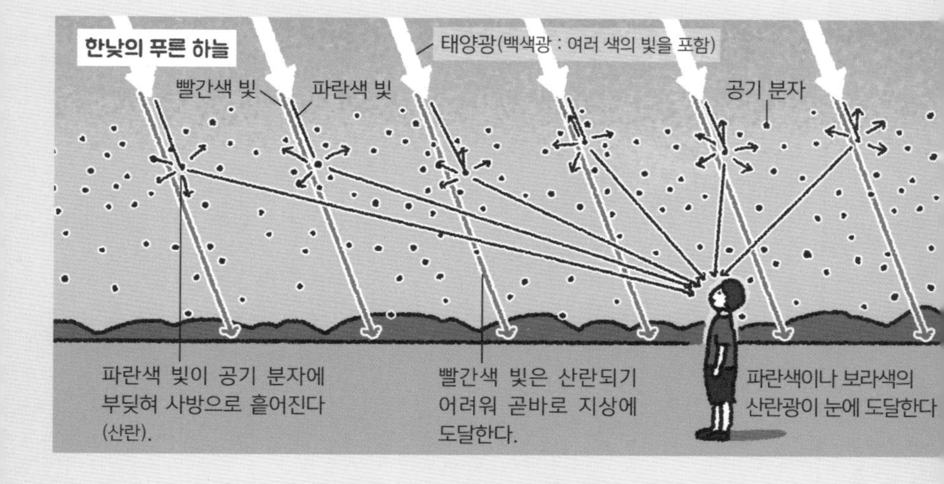

◆ 푸른 하늘과 노을은 모두 빛의 산란이 만들어낸다.

빛의 산란은 푸른 하늘을 만들어낸다. 공기의 분자는 태양에서 오는 빛을 조금씩 산란시킨다. 공기 분자 때문에 생기는 산란은 빛의 파장이 짧을수록 일어나기 쉽다. **파란색이나 보라색은 파장이 짧아서 하늘의 어느 방향을 보더라도 파란색이나 보라색 빛이 눈에 도달한다.**

반면, 저녁 무렵의 하늘은 붉은색이다. 이때의 태양은 지평선 근처까지 저물어 태양 빛이 우리 눈에 도달하기 위해서는 두꺼운 대기의 층을 통과해야 한다. 파장이 짧은 빛은 비교적 빨리 (우리로부터 무척 멀리서) 산란하므로 우리 눈에는 거의 도달하지 않는다. 한편 빨간색 빛(파장이 긴 빛)은 비교적 가까운 하늘에서 산란한다. 이 때문에 저녁 무렵의 하늘은 붉게 보이는 것이다.

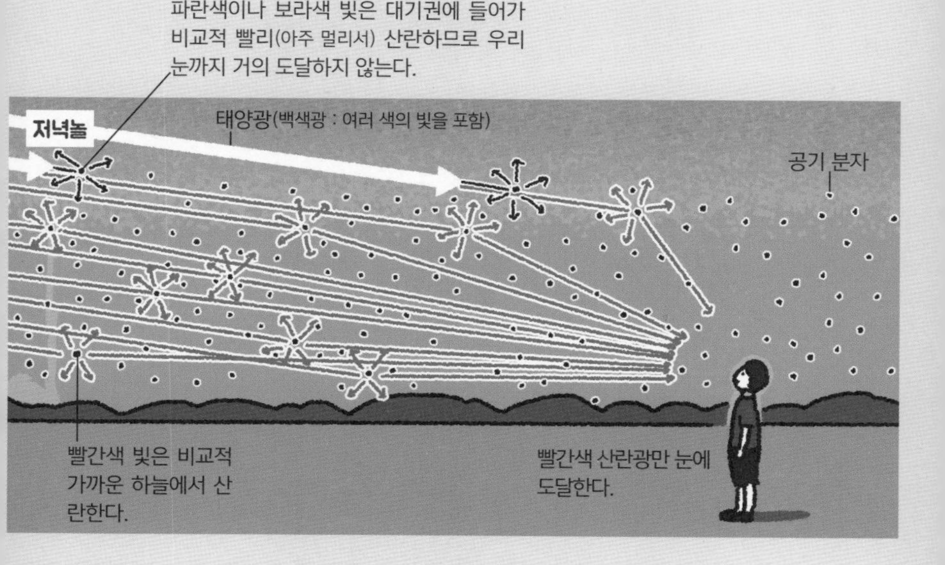

10 건물이 높을수록 지진에 천천히 흔들린다

✦ 물체에는 흔들리기 쉬운 주기와 진동수가 있다

파동이나 진동은 재미있는 특징을 가진다. 수평으로 팽팽하게 당겨진 실에 길이가 다른 진자 여러 개를 매달고 그중에서 하나를 흔들어보자. 그러면 흔든 진자와 같은 길이인 진자만 흔들리기 시작한다(오른쪽 그림).

일반적으로 물체에는 크기에 맞게 잘 흔들리는 주기와 진동수가 있는데 이것을 '고유 주기' 또는 '고유 진동수'라고 한다. 진자 실험에서는 최초에 흔든 진자의 흔들림이 가로 선을 통해 다른 진자에 전달되고 그중에서 길이가 같고 고유 주기가 일치하는 진자의 흔들림만이 증폭된다. 이런 현상을 '공명(또는 공진)'이라고 한다.

✦ 건물이 높을수록 주기가 느린 지진파와 공명한다

소리굽쇠 두 개를 떨어뜨려 놓고 한쪽을 울리면 나머지 한쪽이 울리기 시작하는 것도 공명이다. **지진에서는 지진파와 건물의 공명이 피해를 키운다.** 건물의 '고유 주기는 대략 건물의 층수×0.1(~0.05)' 정도이다. 50층 높이의 고층 빌딩으로 계산해보면 5~2.5초가 된다. 건물이 높을수록 주기가 느린 지진파와 공명하고 크게 흔들린다.

공명 때문에 진동이 커진다

다양한 길이의 진자 중에서 하나만 흔든다. 그러면 같은 길이의 진자가 흔들리기 시작한다. 이것이 공명이다. 지진에서도 지진파와 공명을 일으키는 건물은 크게 흔들린다.

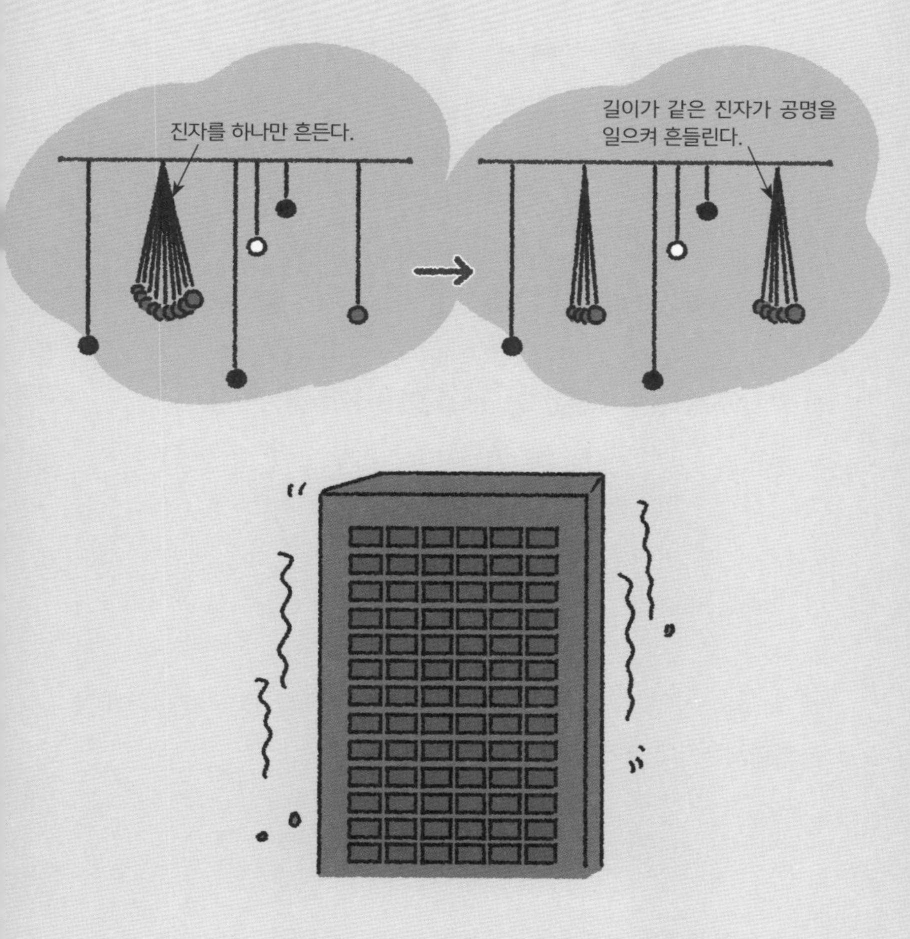

11 바이올린의 현에는 '진행하지 않는 파동'이 나타난다

제자리에서 진동을 반복하는 '정상파'

일반적으로 '파동'이라고 하면 바다의 파도처럼 정해진 일정한 방향으로 진행한다. **그러나 바이올린같이 양쪽 끝을 고정한 현에 발생하는 파동은 제자리에서만 진동을 반복하고 나아가지 않는다.** 이런 파동을 '정상파'라고 한다. 정상파에는 크게 진동하는 '배'와 전혀 진동하지 않는 '마디'가 생긴다.

악기의 음색은 '기본음'과 '배음'의 비율로 결정된다

현에는 오른쪽 그림처럼 마디의 수가 서로 다른 여러 가지 모양의 정상파가 생긴다. 마디의 수가 최소로 진동할 때 생기는 소리를 '기본음(기음)'이라고 한다. 그리고 마디의 수가 늘어남에 따라 '2배음', '3배음' 등으로 부른다. 마디가 늘어날수록 진동수가 커진다(소리가 높아진다). 실제로 현악기에서 나는 소리는 기본음과 배음이 조합된 것이다. **각 악기가 가지는 독특한 음색은 어떤 비율로 기본음과 배음이 조합되는지에 따라 결정된다.**

정상파가 만들어내는 음악

현을 튕겨 생기는 파동은 양쪽 끝에서 반사를 반복하여 오른쪽으로 진행하는 파와 왼쪽으로 진행하는 파가 서로 겹치게 된다. 그 결과 움직이지 않는 파동인 '정상파'가 생긴다. 정상파는 마디와 배의 수로 분류할 수 있다.

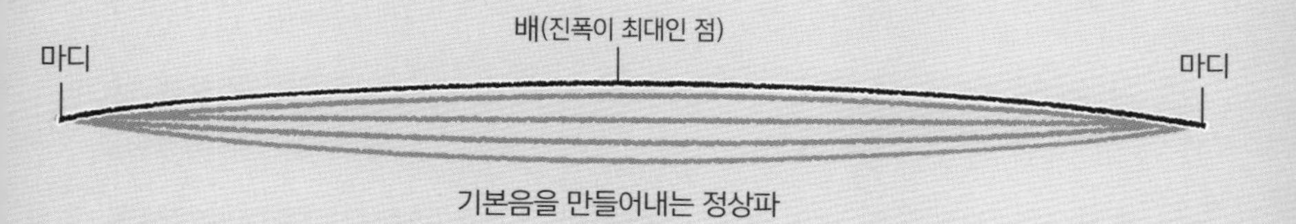

기본음을 만들어내는 정상파

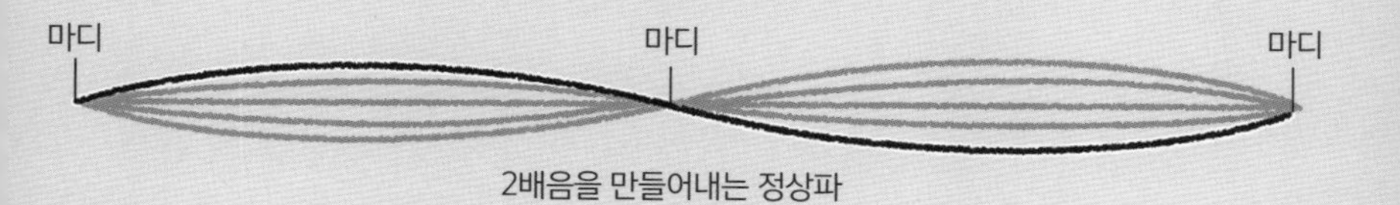

2배음을 만들어내는 정상파

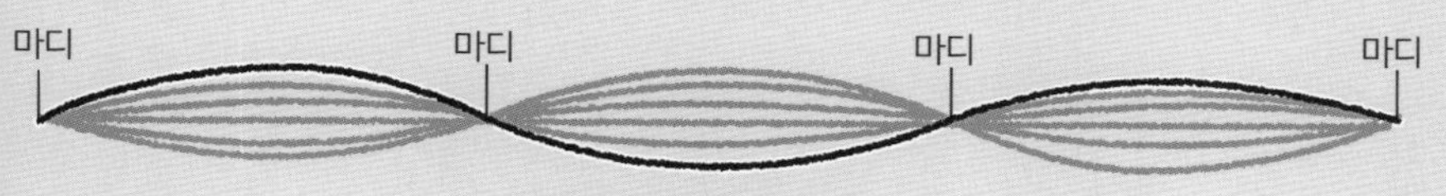

3배음을 만들어내는 정상파

금지된 서핑

보드를 이용해 파도를 타는 스포츠인 서핑은 타히티나 하와이 등의 폴리네시아의 섬에서 시작됐다고 한다. 처음에는 물고기를 잡기 위해 카누를 탔던 데서 시작해, 언제부터인가 파도를 타는 그 자체를 즐기는 스포츠가 되었다. **확실히 알 수는 없지만 서핑의 원형은 서기 400년 정도에 생겨났다고 알려졌다.**

1778년 영국인 탐험가 제임스 쿡이 하와이를 발견했을 때 유럽인으로서는 처음으로 서핑을 보게 되었다. **그 후 유럽에서 온 선교사들은 1821년에 서핑을 금지하였다.** '부도덕한 놀이'라는 이유로 사람들에게서 서프보드를 빼앗아 태워버리기도 했다.

20세기에 들어 하와이에서 서핑이 부활했다. 특히 올림픽의 수영 100m 자유형 금메달리스트인 듀크 카하나모쿠는 1920년 와이키키에 처음으로 서핑클럽을 만들고 서핑을 보급하는 데 힘썼다.

150

제4장 생활에 꼭 필요한 '전기'와 '자기'

우리 생활에서 전기를 이용한 기기를 빼놓을 수는 없다.
다양한 전기제품을 만들 수 있게 된 것은
전기와 자기에 대한 이해가 가능해졌기 때문이다.
제4장에서는 발전기의 구조와 모터의 원리 등을 살펴보면서
전기와 자기의 기본 성질을 소개한다.

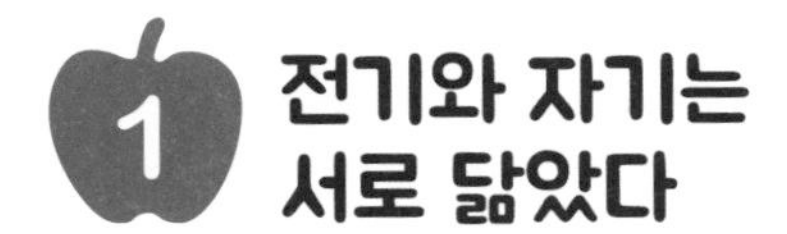

1 전기와 자기는 서로 닮았다

전기의 힘으로 머리카락이 거꾸로 선다

책받침을 머리카락에 문지른 후 들어 올리면 머리카락이 거꾸로 선다. **이때 책받침에는 음(-)의 전기, 머리카락에는 양(+)의 전기가 모이고, 양과 음의 전기가 서로 끌어당기고 있다.** 이러한 전기 현상의 원인이 되는 것을 '전하'라고 한다. 양의 전하(정전하)와 음의 전하(음전하)는 서로 끌어당기고, 양의 전하끼리 또는 음의 전하끼리는 서로 밀어낸다. 이렇게 전하에 의해 발생하는 힘을 '정전기력'이라고 한다. 한쪽 전하가 주위 공간에 '전기장'을 만들고 그에 의해 반대쪽 전하가 힘을 받는다.

자극도 서로 당기거나 밀어낸다

자석도 서로 끌어당기거나 밀어낸다. 자석의 N극과 S극은 서로 끌어당기고 N극끼리 또는 S극끼리는 서로 밀어낸다. 이렇게 자극(磁極)에 의해 생기는 힘을 '자기력'이라고 한다. 한쪽의 자극이 주위 공간에 '자기장'을 만들고 그에 의해 반대쪽 자극이 힘을 받는다.

전하 사이 또는 자극 사이의 거리가 멀수록 서로 작용하는 힘은 급격히 약해진다. **정전기력과 자기력의 크기는 '거리의 제곱에 반비례'한다.** 전기력과 자기력은 작용 원리가 무척 비슷하다.

전기와 자기

정전기력은 거리가 가까울수록 강하게 작용한다. 또 자기력도 마찬가지로 가까울수록 강해진다. 전기와 자기는 매우 비슷하다.

전하가 만드는 전기장

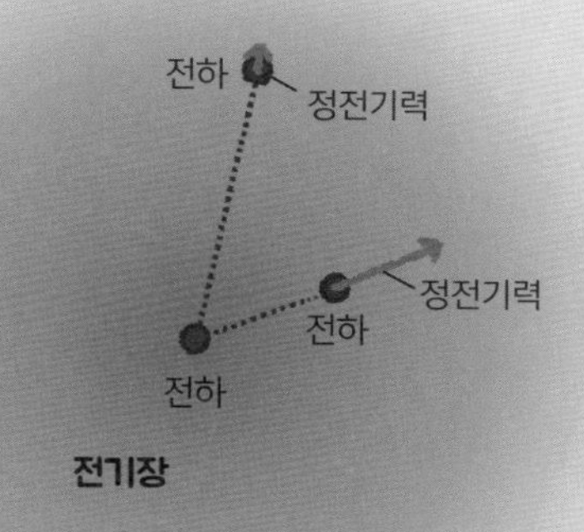

가운데 전하가 만드는 전기장만을 그렸다. 전기장은 전하에서 멀어질수록 약해진다. 그러므로 가운데 전하 가까이에 있는 전하일수록 강한 정전기력을 받는다.

자극이 만드는 자기장

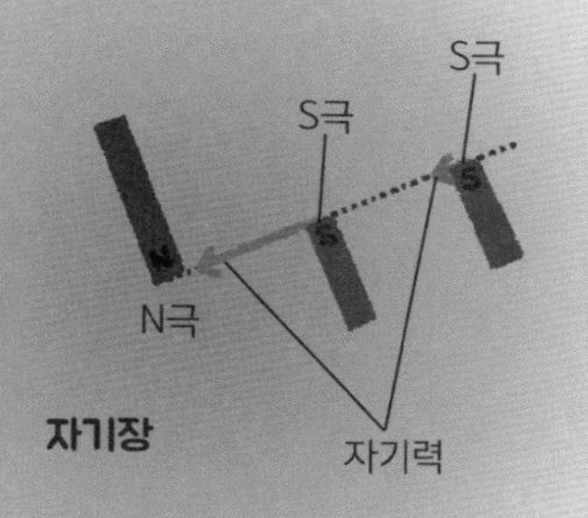

가운데 N극이 만드는 자기장만을 그렸다. 자기장은 자극에서 멀어질수록 약해진다. 그러므로 가운데 N극 가까이에 있는 S극일수록 강한 자기력을 받는다.

2 스마트폰이 뜨거워지는 이유는 도선의 원자가 흔들리기 때문이다

전류의 정체는 '전자'의 흐름이다

평소 무심코 사용하는 텔레비전이나 스마트폰은 전기가 없으면 그냥 상자나 다름없다. 여기서 말하는 전기란 정확히 말하면 도선을 흐르는 전류를 말한다. **전류란 음의 전기를 지닌 입자인 '전자'의 흐름이다.** 다만, 헷갈리게도 '전류의 방향'이라고 말할 때는 전자가 이동하는 방향과는 반대 방향을 뜻한다.

금속 원자가 전자의 진행을 방해한다

한참 쓰다 보면 스마트폰이 뜨거워질 때가 있다. 이 현상은 스마트폰 안의 전기의 흐름을 방해하는 '저항'과 관련이 있다.

스마트폰 안에 있는 도선을 흐르는 전자는 도선을 구성하는 금속 원자에 충돌하여 그 진행을 방해받는다. 이것이 저항의 정체이다. 이때 원자가 흔들려 열이 발생한다. 전자의 운동 에너지 일부가 열에너지(원자의 진동)로 전환된 것이다.

저항의 크기는 물질에 따라 다르다. 전자가 원자에 많이 부딪힐수록(저항이 클수록) 많은 열이 발생한다. 또 도선(금속)은 온도가 높아지면 원자의 진동이 활발해져 전자가 더 많이 충돌한다. 다시 말해, 저항이 커진다.

스마트폰에서 열이 나는 이유

도선을 구성하는 금속의 원자는 도선 안을 흐르는 전자의 움직임을 방해한다. 이 때문에 전자의 운동 에너지 일부가 금속 원자의 진동으로 전환된다. 그것이 열이 된다.

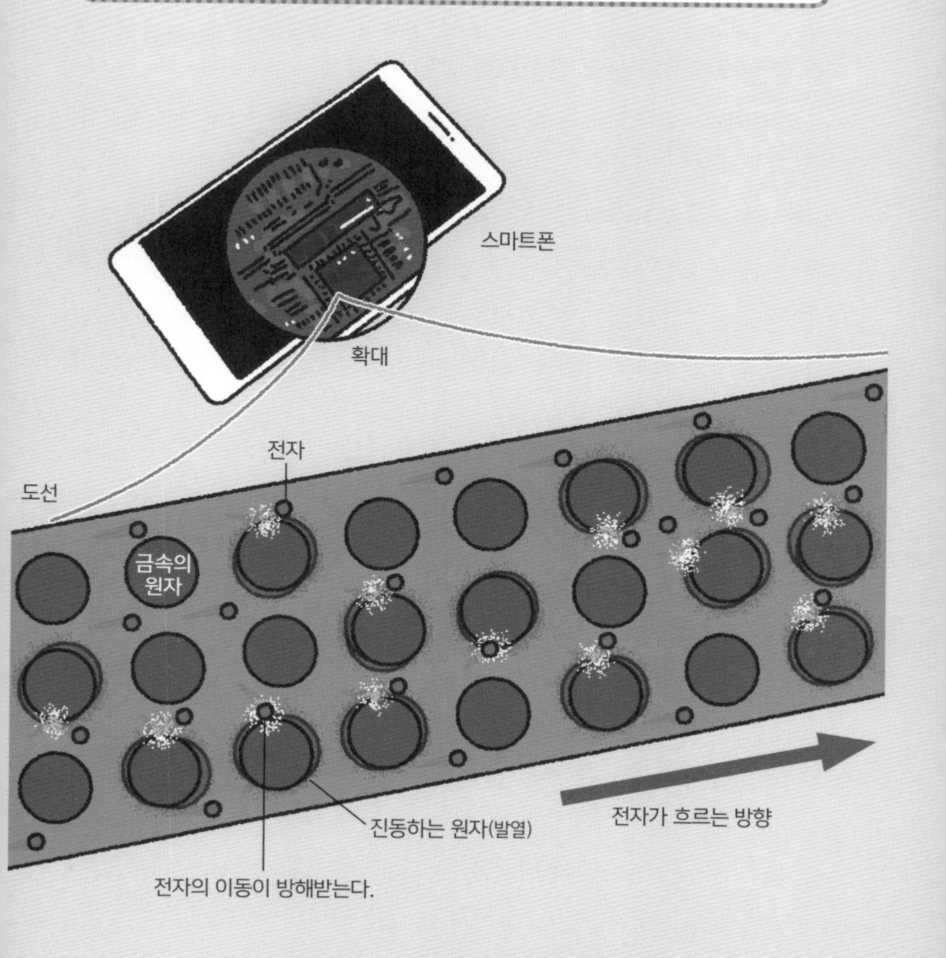

3 도선에 전류가 흐르면 자석이 된다

◆ 철심에 도선을 코일 모양으로 감은 '전자석'

칠판이나 냉장고에 종이를 붙이는 데 사용하는 일반적인 자석은 시간이 지나도 자력이 사라지지 않아 '영구자석'이라고 한다. **그러나 고철 공장 등에서는 '전자석'이라는 자석을 사용한다.** 전자석이란 철심에 도선을 코일 모양으로 감은 것으로, 도선에 전류가 흐르면 자기력(자력)이 생긴다. 비교적 간단하게 강력한 자기력을 만들어낼 수 있고, 전류를 멈추면 자기력이 사라지며, 역방향 전류를 흘리면 자극의 방향을 바꿀 수 있는 이점이 있다.

◆ 전류가 '자기장'을 만든다

전류와 자기력에는 밀접한 관계가 있다. **도선에 전류를 흘리면 그 도선을 감싸듯이 '자기장'이 생긴다.** 전자석은 이 자기장을 잘 활용한다.

전자석에 발생하는 자기장의 강도는 전류의 강도와 도선을 감은 수에 비례한다. 전류를 끊으면 자기장은 사라지고 자석의 기능도 없어진다. 철심이 없어도 자기력은 생기지만 철심이 있으면 자기력이 증가한다.

그림에서는 자기장의 방향과 강도를 '자기력선'으로 나타내었다. 선이 촘촘할수록 자기장이 강하다는 것을 의미한다.

전류가 만드는 전자석

철심에 도선을 코일 모양으로 감은 것이 전자석이다. 도선에 전류가 흐르면 그림과 같은 자기장이 생긴다. 전자석은 전류가 만들어내는 자기장을 잘 활용하고 있다.

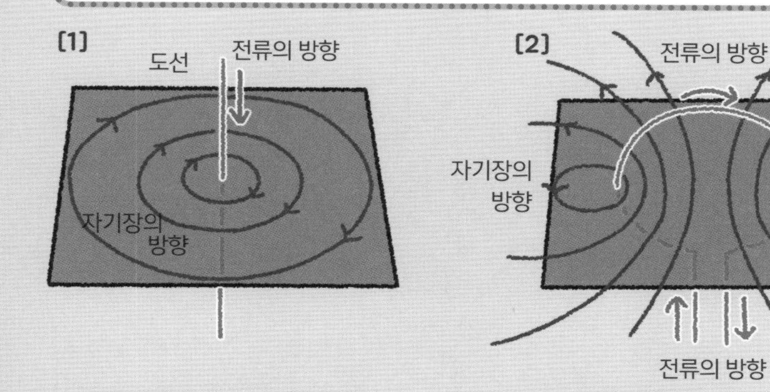

직선 전류 주위에 생기는 자기장

도선을 감싸듯이 자기장이 생긴다. 전류의 진행 방향을 향해 볼 때 시계방향이 자기장의 방향이 된다(오른나사 법칙).

원형 전류 주위에 생기는 자기장

도선을 원형으로 만들어 전류를 흐르게 하면 위 그림과 같은 모양으로 자기장이 생긴다.

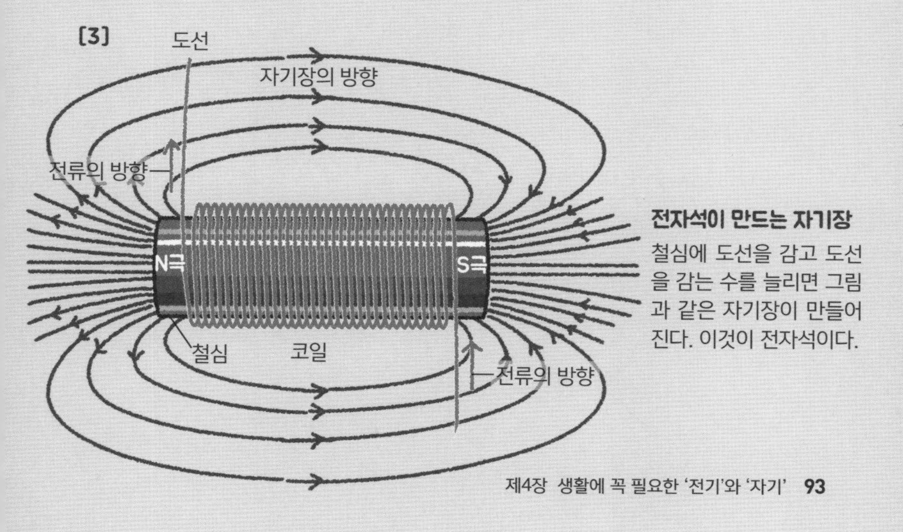

전자석이 만드는 자기장

철심에 도선을 감고 도선을 감는 수를 늘리면 그림과 같은 자기장이 만들어진다. 이것이 전자석이다.

소의 위에는 자석이 들어 있다

우리 인류는 약 8000년 전부터 소를 가축으로 키우며 함께 살아왔다. 그 오랜 사육의 역사에서 생긴 사육기술 중에는 놀랄 만한 것이 있다. 그중 하나가 '소먹이자석'이다.

야생의 소는 풀만 먹는데, 이 때문에 철분이 부족해진다. 그래서 소들은 철분을 함유한 반짝거리는 돌을 삼키려고 한다. **가축이 된 소에게도 이 습성이 남아 있어 종종 뾰족한 못이나 쇳조각을 삼킨다.** 이 쇳조각들이 위를 찌르면 최악의 경우 소는 급사한다.

그런 사태를 방지하기 위해 소가 생후 4개월 정도 되면 특별한 자석을 먹인다. **잘못 삼킨 쇳조각들은 이 자석에 들러붙으므로 위가 다칠 위험도 줄어든다.** 자석에 철이 너무 많이 들러붙으면 더 강한 자석을 사용해 소먹이자석을 위에서 끄집어낸다. 그리고 새로운 자석을 다시 먹인다.

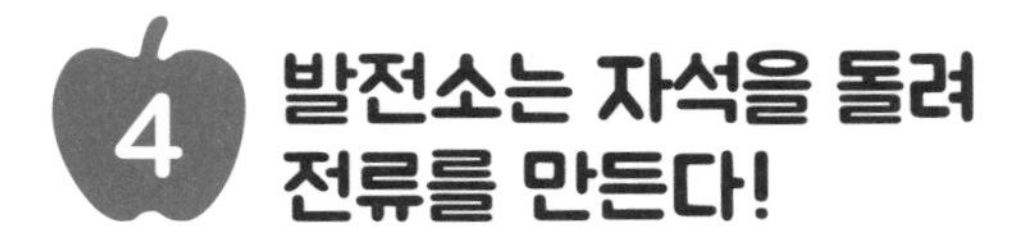

4 발전소는 자석을 돌려 전류를 만든다!

◆ 자석을 코일에 가까이 갖다 대면 전류가 흐른다

우리는 발전소에서 만든 전기를 생활 속에서 이용하고 있다. 전류를 만들어내는 원리는 뜻밖에 간단하다. **자석을 코일에 갖다 대거나 멀리하기만 해도 코일에 전류가 흐른다.** 이 현상을 '전자기 유도'라고 한다. 자석을 가까이 댈 때와 멀리할 때 코일에 흐르는 전류의 방향은 반대가 된다. 또 자석을 빨리 움직일수록 흐르는 전류가 커진다. 코일 감는 수를 늘려도 전류가 커진다.

◆ 증기의 힘으로 자석을 돌린다

발전소에서는 이 원리를 이용하여 전류를 발생시킨다. 화력 발전소에서는 석유나 천연가스를 연소해 물을 끓이고 고압의 증기를 만들어낸다. 그리고 이 증기를 내뿜어 회전 날개(터빈)를 돌린다. 이 회전 날개의 축 끝에는 자석이 붙어 있어 회전 날개가 돌면서 자석이 함께 돌아간다. **자석이 회전하면서 자석의 주위에 놓인 코일에 전류가 흐르게 된다.**

발전의 원리는 전자기 유도

코일에 자석을 가까이 대거나 멀리할 때 코일에 전류가 흐른다. 이 현상을 '전자기 유도'라고 한다. 발전소에서는 이 원리를 바탕으로 발전한다.

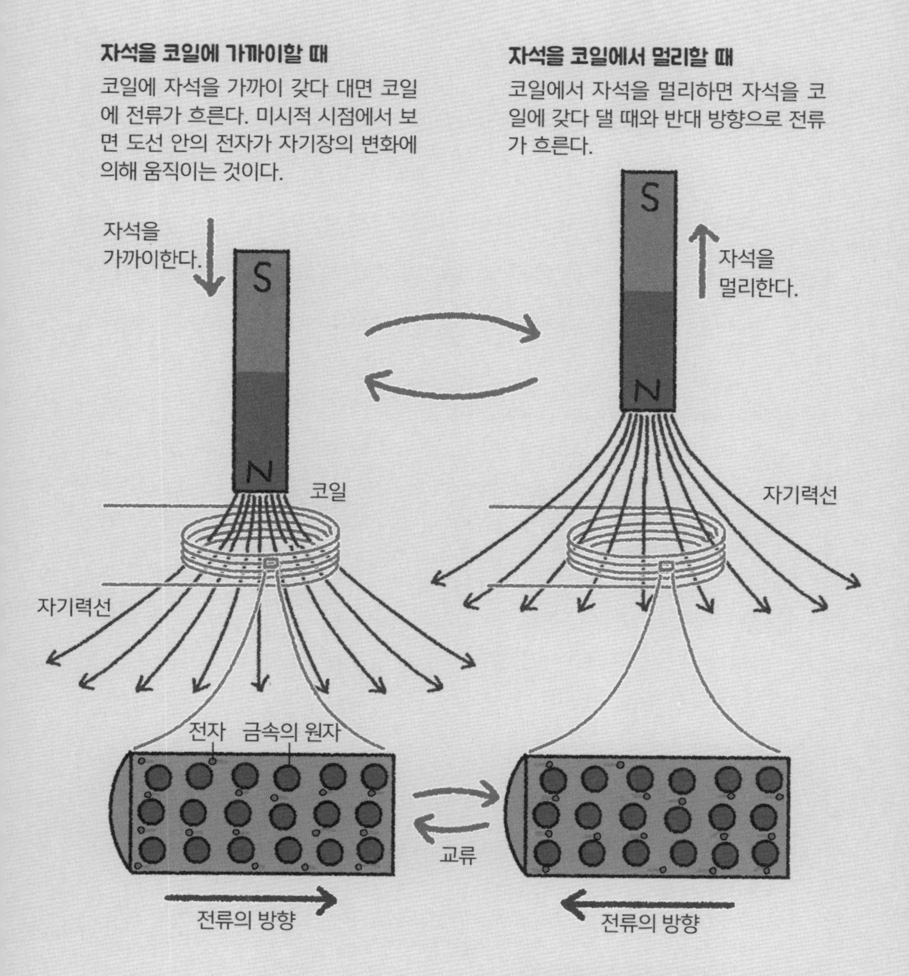

5 집으로 들어오는 전기는 방향이 계속 바뀐다

전기에는 교류와 직류가 있다

일반적으로 발전소에서는 발전기 자석(또는 코일)의 회전운동에 연동하여 전류를 만든다(아래 그림). 이때 자석(또는 코일)이 반 바퀴 회전할 때마다 전류 흐르는 방향이 바뀐다. **즉, 발전소에서 만들어 가정으로 보내는 전기는 전류 흐르는 방향이 주기적으로 바뀐다는 말이다.** 이런 전기를 '교류'라고 한다. 반면 건전지의 전류는 방향이 바뀌지

교류는 전기의 방향이 바뀐다

왼쪽으로 흐르는 전류를 양, 오른쪽으로 흐르는 전류를 음이라고 하고, 교류 전류를 그래프로 나타냈다. 교류 그래프는 양과 음이 완벽하게 주기적으로 바뀌는 파형이 된다.

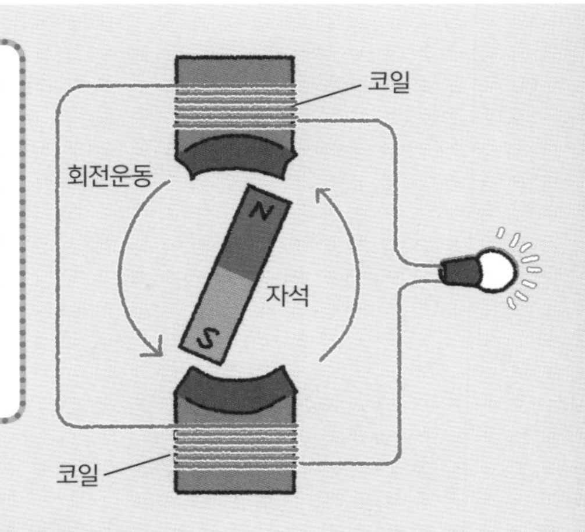

회전운동에 의한 발전

자석(또는 코일)이 한 바퀴 돌면 코일과 연결된 회로를 전류가 왼쪽으로 한 번, 오른쪽으로 한 번씩 교대로 흐른다. 우리 주변에서 이런 원리를 이용한 발전은 자전거 전조등이 있다.

않는다. 이런 전기를 '직류'라고 한다.

동일본과 서일본은 주파수가 서로 다르다

1초 동안 교류의 주기적 변화가 반복되는 횟수를 '주파수'라고 한다. 주파수의 단위는 헤르츠(㎐)이다.

일본에서는 동일본과 서일본에서 각 가정에 보내는 전기의 주파수가 서로 다르다. 동일본에서는 50㎐, 서일본에서는 60㎐인 전기를 발전소에서 보낸다. 이것은 메이지시대에 전력망의 정비가 시작될 때 도쿄는 독일식 발전기를 채용하고 오사카는 미국식 발전기를 채용했기 때문에 생긴 일이다.

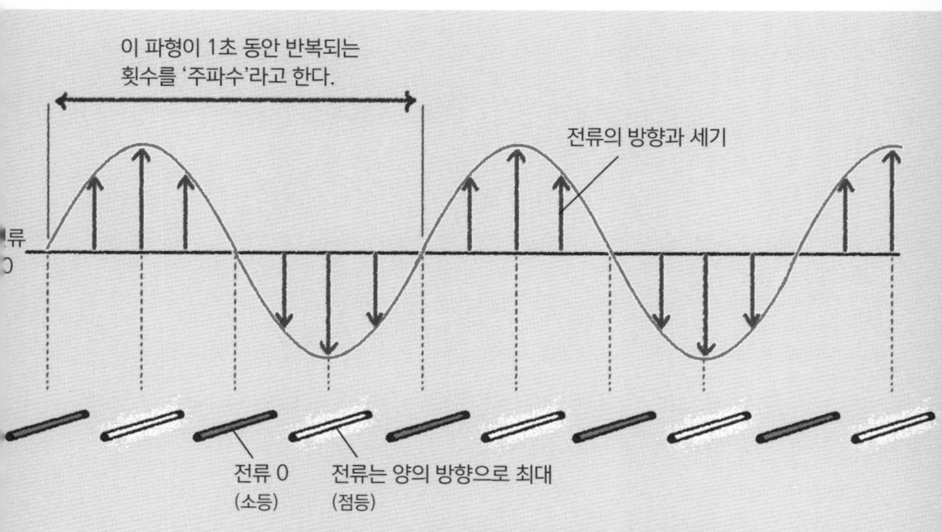

교류의 주기적인 변화에 따라 형광등은 점등과 소등을 반복한다.

콘센트의 구멍은 좌우가 다르다

어느 집이든 콘센트가 있다. 일본에서 사용하는 일반적인 콘센트는 좌우 구멍의 크기가 다르다. **왼쪽이 9mm, 오른쪽이 7mm로 왼쪽이 오른쪽보다 2mm 길다.**

전문적으로는 왼쪽 구멍을 'COLD', 오른쪽 구멍을 'HOT'이라고 한다. **플러그를 꽂으면 오른쪽의 HOT 구멍에 꽂은 플러그에서 전기가 흘러 전자제품을 작동시키고 왼쪽의 COLD 구멍으로 빠져나간다.** 보통 가전의 경우는 플러그를 어느 방향으로 꽂아도 작동한다. 그러나 특별히 주의해야 하는 기기도 있다.

텔레비전이나 컴퓨터, 오디오 기기 등 노이즈에 영향을 받는 전자기기에는 플러그의 한쪽에 노이즈의 원인이 되는 전기를 내보내는 접지 기능이 마련되어 있다. 그 경우 접지 기능이 있는 쪽에 마크가 붙어 있거나 코드에 흰색 선이 칠해져 있다. 이런 플러그는 올바른 방향으로 사용해야 그 기능을 제대로 발휘할 수 있으므로 콘센트에 꽂을 때 주의해야 한다.

6 '플레밍의 왼손 법칙'으로 도선에 걸리는 힘을 알 수 있다

자석 옆에 있는 도선에 힘이 작용한다

자석 바로 옆에 있는 도선에 전류를 흐르게 하면 재미있는 일이 일어난다. 도선에 힘이 작용하여 도선이 움직이는 것이다.

전류가 흐르는 도선에는 자기장의 방향과 전류의 방향 둘 다에 수직인 방향으로 힘이 작용한다. **전류, 자기장, 힘의 방향은 '플레밍의 왼손 법칙'을 사용하면 간단히 알 수 있다.** 왼손의 가운뎃손가락, 집게손가락, 엄지손가락을 서로 직각이 되게 펼친다. 그러면 가운뎃손가락을 전류의 방향으로, 집게손가락을 자기장의 방향(N극에서 S극을 향하는 방향)에 맞추면 엄지손가락이 가르치는 방향이 도선에 작용하는 힘의 방향이 된다. 가운뎃손가락, 집게손가락, 엄지손가락 순서로 '전, 자, 힘'으로 기억하면 된다.

전자가 자기장 속에서 움직이면 힘을 받는다

실제로는 도선 내에 존재하는 전자에 힘이 작용한다. 미세한 입자에 작용하는 힘이 많이 모여 결과적으로 도선이 움직일 정도로 큰 힘이 된다. **전자뿐 아니라 전하를 가지는 입자가 자기장 속에서 움직이면 입자는 힘을 받는다. 이 힘을 '로런츠의 힘'이라고 한다.**

도선에 힘이 걸린다

자석의 양극 사이에 도선을 놓고 전류를 흐르게 하면 전류의 방향과 자기장의 방향 모두에 수직인 방향으로 힘이 작용한다. 전류, 자기장, 힘의 방향은 '플레밍의 왼손 법칙'으로 생각하면 알기 쉽다.

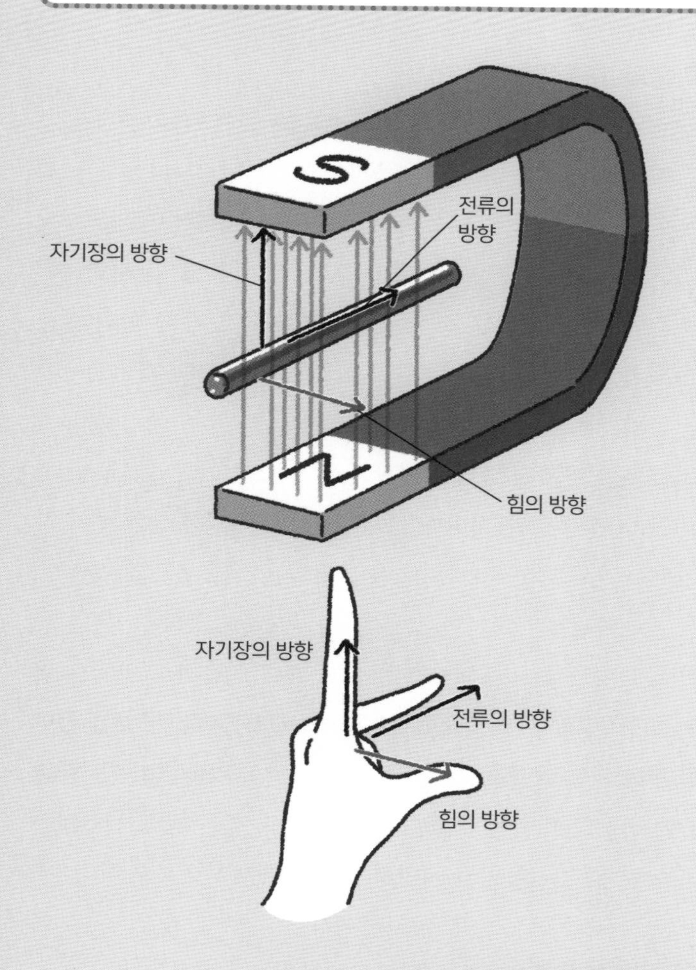

모터 작동의 기본 원리

최근 전기자동차의 개발이 빠른 속도로 진행되고 있다. 엔진을 사용한 기존 자동차와의 결정적인 차이는 전기자동차는 타이어를 회전시키는 동력으로 '모터'를 사용한다는 것이다. **모터란 전기를 사용하여 회전과 같은 운동을 만드는 장치이다.** 모터 작동의 기본 원리는 앞에서 본 '자석 옆에 있는 도선에 전류가 흐르면 도선에 힘이 작용한다'이다.

전기 에너지를 운동 에너지로 전환

그림은 모터 작동을 단순하게 나타낸 것이다. 우선 오른쪽의 그림 [1]을 보자. 자석 사이 (자기장 사이)에 코일을 두고 ABCD 방향으로 전류를 흐르게 한다. 그러면 코일의 AB 부분과 CD 부분은 전류의 방향이 반대이므로 서로 반대 방향으로 힘이 작용하여 코일은 반시계방향으로 회전한다. **다음으로 그림 [2]의 위치를 지나면 코일 끝에 있는 '정류자'에 의해 코일에 흐르는 전류의 방향이 DCBA 방향이 된다.** AB와 CD에 작용하는 힘은 그림 [3]과 같이 되며 같은 방향으로 계속 회전한다. 이렇게 모터는 전기 에너지를 운동 에너지로 전환한다.

모터의 원리

모터가 회전하는 원리를 그림으로 나타냈다. 전류가 흐르는 도선에 작용하는 힘을 이용하여 회전을 만들어낸다. 전기 에너지를 운동 에너지로 전환할 수 있다.

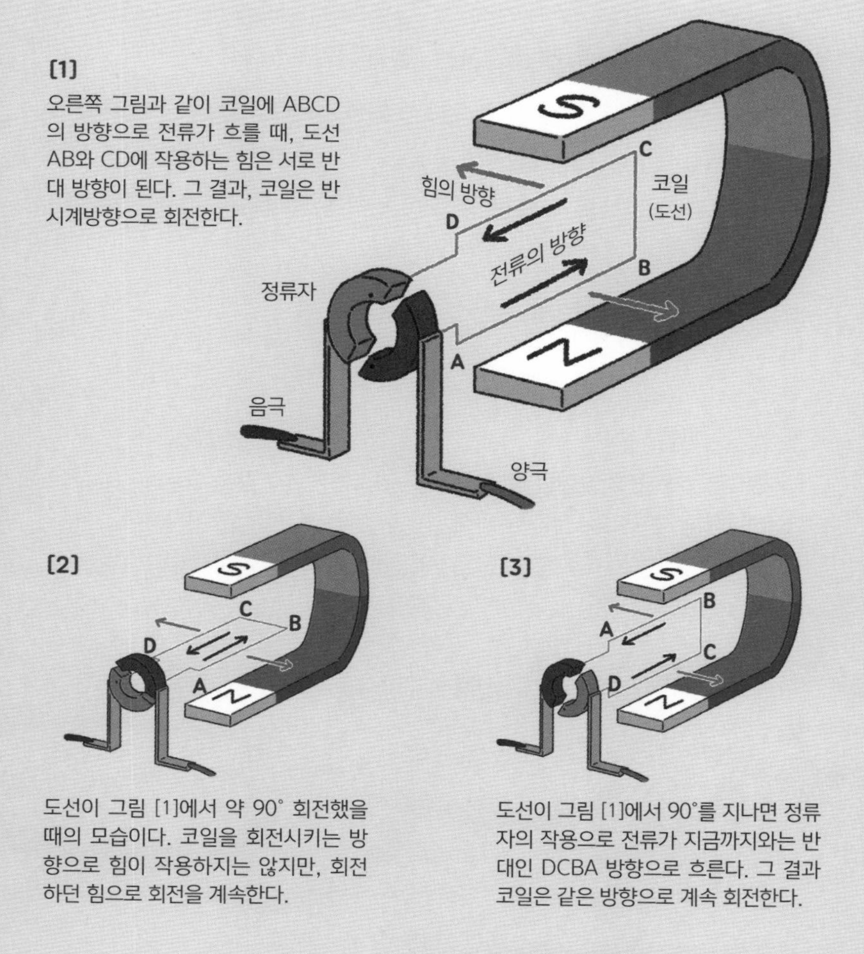

[1]

오른쪽 그림과 같이 코일에 ABCD의 방향으로 전류가 흐를 때, 도선 AB와 CD에 작용하는 힘은 서로 반대 방향이 된다. 그 결과, 코일은 반시계방향으로 회전한다.

[2]

도선이 그림 [1]에서 약 90° 회전했을 때의 모습이다. 코일을 회전시키는 방향으로 힘이 작용하지는 않지만, 회전하던 힘으로 회전을 계속한다.

[3]

도선이 그림 [1]에서 90°를 지나면 정류자의 작용으로 전류가 지금까지와는 반대인 DCBA 방향으로 흐른다. 그 결과 코일은 같은 방향으로 계속 회전한다.

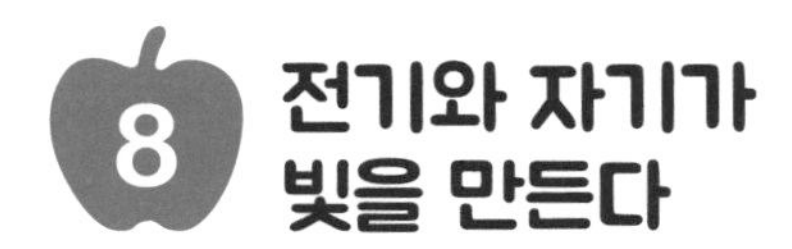

8 전기와 자기가 빛을 만든다

◆ 전기와 자기를 함께 설명하는 '전자기학'

전기는 자기를, 자기는 전기를 발생시킨다. **전기와 자기는 서로 영향을 준다.** 영국의 물리학자인 제임스 맥스웰(1831~1879)은 서로 별개로 알려졌던 전기와 자기의 움직임을 함께 설명하는 이론인 '전자기학'을 완성했다.

전자기파의 정체

전류가 흐르면 자기장이 발생한다. 또 자기장은 전기장을 만든다. 그렇게 전기장과 자기장의 연쇄가 파동처럼 나아간다. 이것이 전자기파이다.

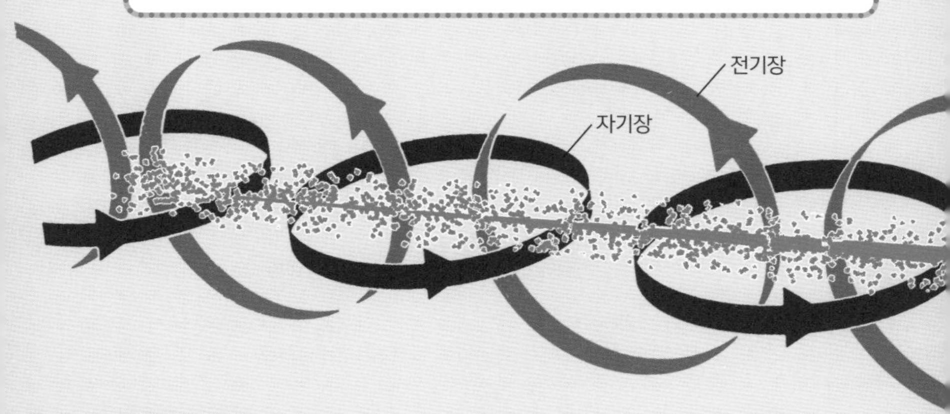

✧ 전자기파의 속력은 빛의 속력과 같다

교류처럼 방향이 바뀌면서 전류가 흐르면 주위에는 변화하는 자기장이 생긴다. 그러면 이번에는 그 자기장을 감싸듯이 변화하는 전기장이 생긴다. **그 결과 전기장과 자기장이 서로 연쇄적으로 파동처럼 나아간다.** 맥스웰은 이 파동을 '전자기파'라고 이름 붙였다.

맥스웰은 전자기파가 나아가는 속력을 직접 측정하지 않고 이론적인 계산을 통해 구했는데, 그 값은 초속 약 30만km였다. 이것은 당시 실험으로 이미 밝혀졌던 빛의 속력과 일치했다. 이 사실을 바탕으로 맥스웰은 전자기파와 빛은 같다는 결론을 내렸다.

전기뱀장어는 뱀장어가 아니다

전기뱀장어는 남아메리카의 강에 사는 야행성 육식어이다. **길이는 2m가 넘으며 몸속에 있는 '발전기관'에서 전기를 만들 수 있다.** 발전기관은 평평한 판 모양으로 그 수는 50만 장에 이른다.

전기뱀장어가 만드는 전기의 위력은 근처에 있는 물고기나 사람을 죽일 수 있을 정도이다. 한 번 방전은 1000분의 3초 정도로 한 순간이지만, 반복하여 방전하면 반경 1m 정도까지 효과를 발휘한다. 이 특수한 능력은 포획물을 잡기 위해서뿐 아니라 악어 등의 적으로부터 자신을 지키기 위해, 또는 같은 동료들과 의사소통을 하기 위해서도 사용한다.

전기뱀장어는 이름 때문에 뱀장어(뱀장어목)로 생각하기 쉽다. **하지만 전기뱀장어는 뱀장어와는 완전히 다른 별도의 그룹인 전기뱀장어목(또는 김노투스목Gymnotiformes)에 속한다.** 전기뱀장어는 사실 뱀장어가 아니다. 전기뱀장어는 겉모습 때문에 뒷날개 고기(knife fish)라고 불리기도 한다.

전자기학을 정립한 앙페르

노벨상 수상자, 로런츠

전자기장 내에서
운동하는
하전 입자가
받는 힘을 나타내는
로런츠의 힘은

1853년에 태어난
네덜란드의 물리학자
헨드릭 로런츠의
이름을 땄다.

24세의 젊은 나이에
라이덴 대학의
이론물리학 교수로
취임했다.

전자기학을 연구하고
전기와 자기와 빛의
관계를 살펴보았다.

1902년에는
노벨 물리학상을
받았다.

그 업적은
로런츠의 힘뿐 아니라
로런츠 분포,
로런츠 변환 등
여러 이름으로
남아 있다.

아인슈타인도
로런츠의 이론을
활용하면서

“로런츠는
내 인생에서 만난
가장 중요한
인물이다”라는
말을 남겼다.

제5장
만물을 구성하는
'원자'의 정체

우리 주변에 있는 물질은 모두 원자로 만들어져 있다.
원자의 정체를 탐구하면서 미시적인 세계에서는 지금까지의 상식으로는
생각할 수 없었던 현상이 일어난다는 것을 알게 되었다.
제5장에서는 원자를 구성하는 '전자'나 '원자핵'의 움직임을 소개한다.

1 원자의 크기는 1000만 분의 1mm

공기도 생물도 우리도 원자 덩어리

우리 주위의 물질은 모두 '원자'로 이루어져 있다. 지구의 공기, 생물 모두 원자로 구성되어 있다. 우리 자신도 원자 덩어리이다. 평소에 그런 것을 느끼지 못하는 이유는 원자가 너무 작기 때문이다. 평균적인 원자의 크기는 1000만 분의 1mm이다. 지구의 크기로 골프공을 확대했을 때 원래 골프공의 크기가 원자의 크기라고 생각하면 되겠다.

물체에는 엄청난 수의 원자와 분자가 뭉쳐져 있다

원자가 작다는 말은 일상에서 눈에 보이는 물체에는 엄청난 수의 원자나 분자가 뭉쳐 있다는 뜻이다. **작은 숟가락 하나(5mL) 분량의 물에 포함된 물 분자(산소 원자 1개 + 수소 원자 2개)의 수는 1.7×10^{23}개 정도이다(17억 개의 10억 배의 10만 배).**

지구의 전체 인구는 약 70억 명이다. 태양계가 속한 은하에는 1000억 개 정도의 별이 있다. 이 하나하나의 별에 지구와 같은 행성이 있으며 지구와 같은 수만큼 사람이 살고 있다고 가정해도 7×10^{20}명밖에 되지 않는다. 작은 숟가락 하나에 담긴 물에 포함된 분자 수는 그 수의 200배 정도이다.

원자의 크기와 수

원자의 크기는 10^{-10}m(1000만 분의 1mm)로 지구의 크기에 대한 골프공의 크기가 골프공에 대한 원자의 크기와 같다. 작은 숟가락 하나(5mL)의 물에는 물 분자(산소 원자 1개 + 수소 원자 2개)가 1.7×10^{23}개(17억 개의 10억 배의 10만 배) 포함되어 있다.

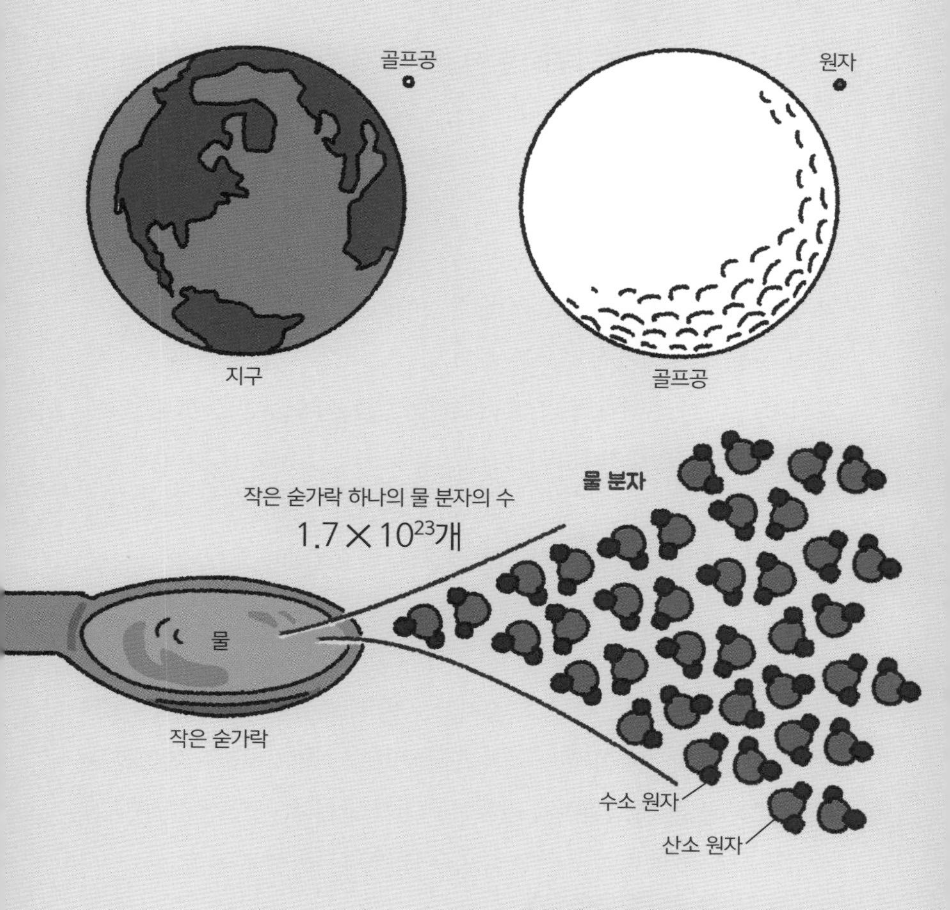

2 전자가 파동이라고?

전자는 특정한 궤도에만 존재한다

원자의 중심에는 양의 전기를 띤 '원자핵'이 있고, 그 주위를 음의 전기를 띤 '전자'가 둘러싸고 있다. 원자의 모양은 20세기 초에 밝혀졌다.

그런데 당시 사람들은 이 원자의 모양에 문제가 있다고 생각했다. 통상 전자는 원운동을 하면 전자기파를 방출하여 에너지를 잃는다. 그래서 원자핵의 주위를 도는 전자는 점차 에너지를 잃고 원자핵으로 떨어질 것으로 생각했던 것이다. 그 문제에 대해 덴마크의 물리학자 닐스 보어는 원자핵 주위를 돌고 있는 전자는 띄엄띄엄 떨어진 특정한 궤도에만 존재하며 바깥 궤도에서 안쪽 궤도로 이동할 때 외에는 전자기파를 방출하지 않는다고 보았다.

전자의 궤도 길이는 전자 파동의 파장의 정수배

그러면 왜 전자는 특정한 궤도에만 존재하는 것일까?

프랑스의 물리학자 루이 드브로이는 '전자도 파동의 성질을 가지고 있을 것'이라고 생각했다. **전자가 파동의 성질을 가진다고 가정할 때, 전자 궤도의 길이가 전자 파동의 파장의 정수배이면 전자 파동이 궤도를 한 바퀴 돌 때 정확하게 파동이 이어지게 된다.** 이때가 전자가 전자기파를 방출하지 않는 안정 상태가 된다고 보았다.

전자의 파장과 정확히 맞는 궤도

원자핵 주위를 도는 전자는 띄엄띄엄 떨어진 궤도 위에만 존재한다. 궤도의 길이가 정확히 전자 파동의 파장의 정수배가 되는 궤도에만 전자가 존재한다.

수소 원자의 전자의 궤도

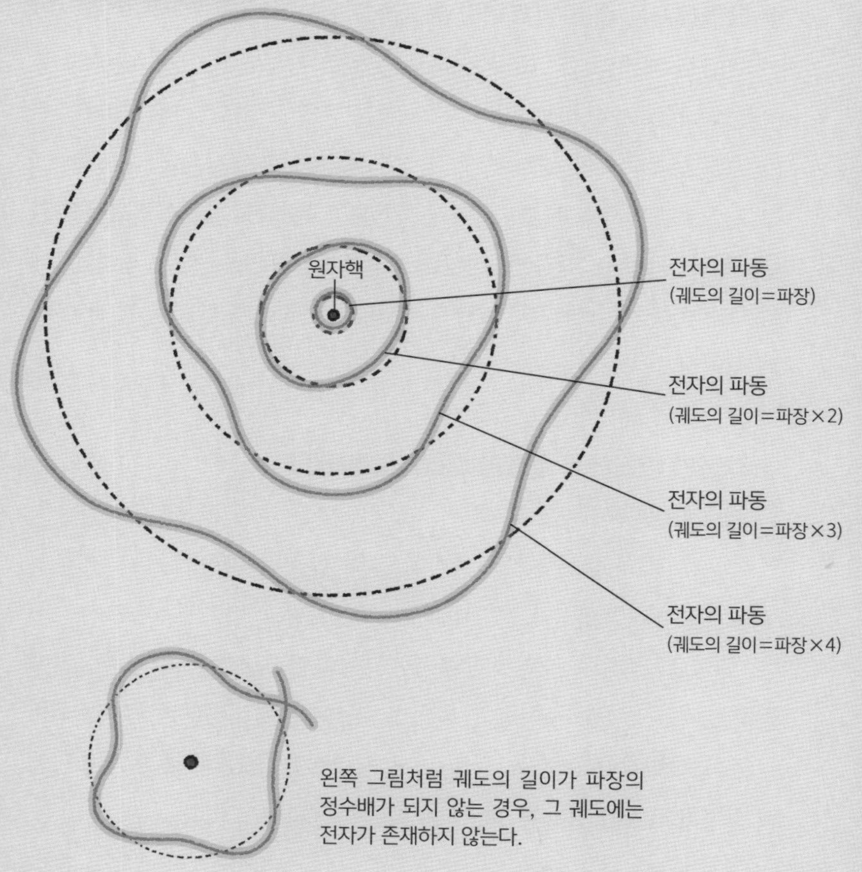

왼쪽 그림처럼 궤도의 길이가 파장의 정수배가 되지 않는 경우, 그 궤도에는 전자가 존재하지 않는다.

3 태양 내부에서는 수소 원자핵이 융합한다

태양에서는 수소 원자핵이 충돌하고 융합한다

태양은 왜 빛날까? 태양은 주로 수소로 이루어져 있다. 태양의 중심은 약 1500만℃, 2300억 기압으로 초고온, 초고압 상태이다. 그런 환경에서는 수소의 원자핵과 전자가 제각각 흩어져 날아다닌다. **그리고 수소의 원자핵 4개가 격렬히 충돌하고 융합하여 헬륨 원자핵이 만들어진다.** 이것을 '핵융합 반응'이라고 한다. 이 반응에서 방대한 에너지가 방출되어 태양의 표면은 6000℃ 정도로 유지되고 밝게 빛나는 것이다.

핵융합 반응에서 질량이 에너지로 바뀐다

핵융합 반응에서는 왜 에너지가 발생하는 것일까? 핵융합 반응이 일어나기 전의 수소 원자핵 4개의 질량 합계와 반응이 일어난 후의 헬륨 원자핵 및 반응 도중에 생긴 입자의 질량 합계를 비교하면 반응 후가 0.7% 정도 가벼워진다. 1905년 아인슈타인은 상대성이론에 의해 '$E=mc^2$'이라는 식을 만들었다. 이 식은 에너지(E)와 질량(m)이 본질적으로 같은 것임을 의미한다. **즉, 핵융합 반응에서 줄어든 만큼의 질량이 태양을 빛나게 하는 에너지로 바뀐다는 말이다.**

태양의 핵융합 반응

태양의 내부에서는 4개의 수소 원자핵이 핵융합 반응을 일으켜 헬륨 원자핵이 만들어진다. 반응 전후로 감소한 질량만큼 엄청난 에너지로 방출된다.

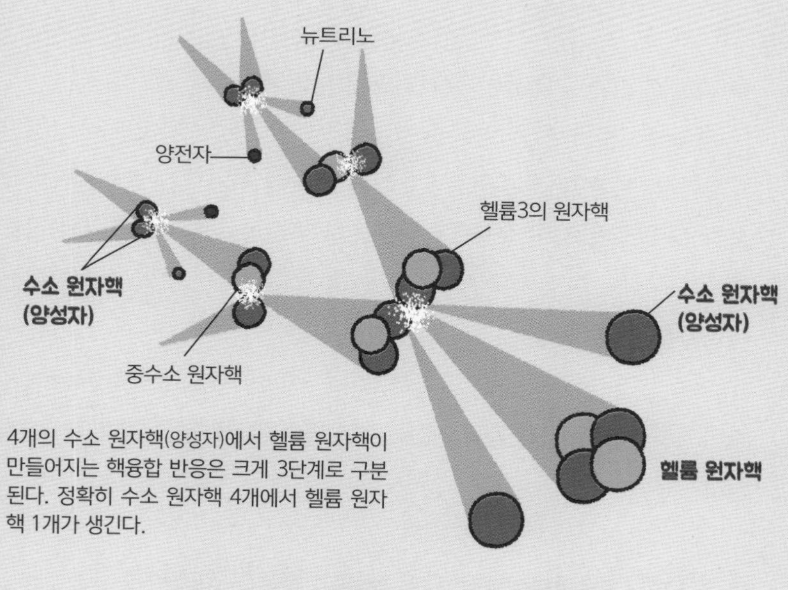

4개의 수소 원자핵(양성자)에서 헬륨 원자핵이 만들어지는 핵융합 반응은 크게 3단계로 구분된다. 정확히 수소 원자핵 4개에서 헬륨 원자핵 1개가 생긴다.

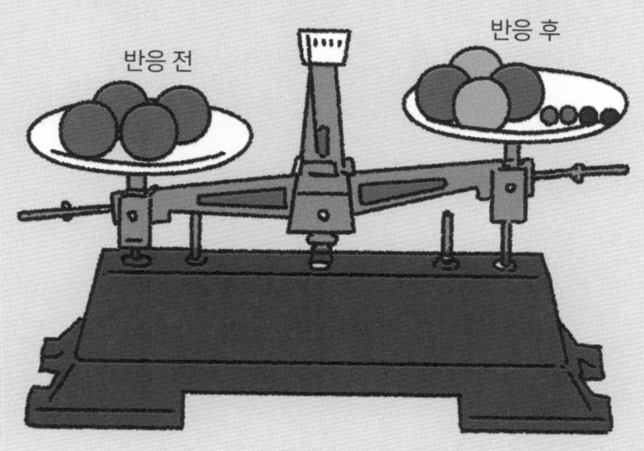

4 원자력 발전에서는 우라늄 원자핵이 분열한다

핵분열 반응도 엄청난 에너지를 만들어낸다.

커다란 원자핵이 분열하는 '핵분열 반응'에서도 엄청난 에너지가 발생한다. 예를 들어 우라늄 235라는 원자의 원자핵은 중성자(원자핵을 구성하는 전기적으로 중성인 입자)를 1개 흡수하면 불안정해져 아이오딘 139와 이트륨 95 등 가벼운 두 개의 원자핵으로 분열하여 방대한 에너지를 만든다.

이때 반응 전후로 질량의 합계를 비교하면 반응 후가 0.08% 정도 가벼워진다. **핵융합 반응과 마찬가지로 줄어든 질량만큼 에너지가 방출된다.**

원자로 내에서는 연쇄적으로 핵분열 반응이 진행된다

이 에너지를 발전에 이용한 것이 원자력 발전이다. **원자로 내에서 핵분열이 일어날 때 중성자가 방출되고 그 중성자가 다른 우라늄 235에 흡수되어 연쇄적으로 핵분열 반응이 진행된다.** 이때 발생하는 에너지에 의해 열이 발생한다. 그 열을 이용하여 연료를 둘러싸고 있는 물을 끓여 고온, 고압의 증기를 만들고 발전기의 터빈을 돌린다.

원자로 내의 핵분열 반응

우라늄 235의 원자핵은 중성자 1개를 흡수하면 불안정해져 가벼운 원자핵 2개로 분열한다. 이때도 반응 전후로 질량이 감소한다. 그에 따라 생기는 방대한 에너지를 이용한 것이 원자력 발전이다.

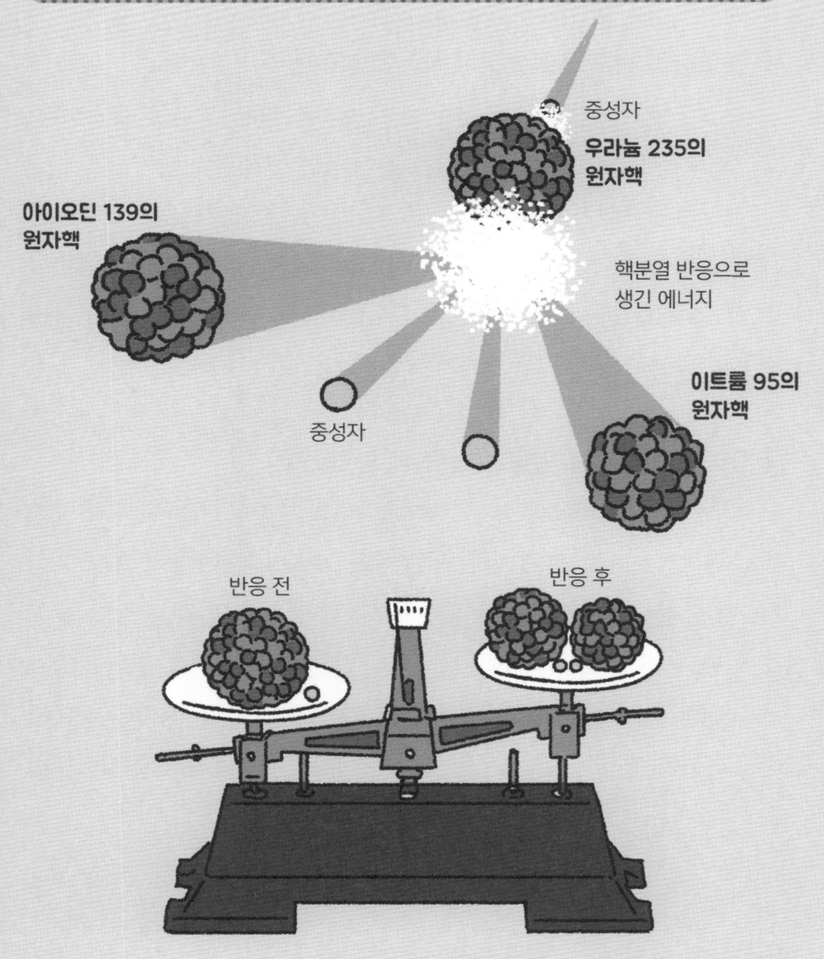

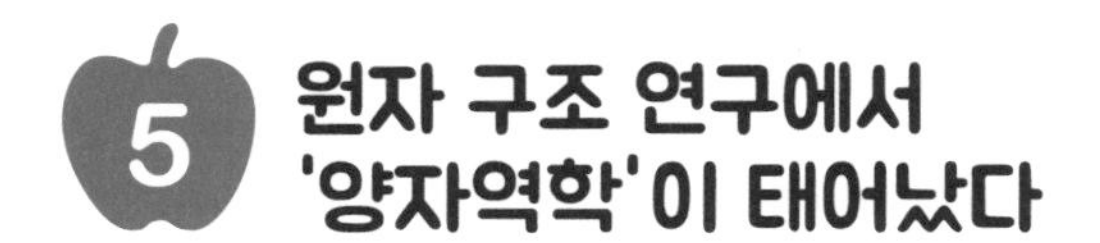

5 원자 구조 연구에서 '양자역학'이 태어났다

관측하면 전자의 파동이 순식간에 줄어든다

사실 전자와 같은 미시 입자는 파동과 입자의 성질을 모두 가지고 있다. 이 사실에 대해 다음과 같은 독특한 견해가 있다.

전자는 관측하지 않을 때는 파동의 성질을 가지면서 공간에 퍼져 존재하고, 빛을 쬐어 그 위치를 관측하면 전자의 파동이 순식간에 줄어들어 한 곳에 집중된 뾰족한 파동이 형성된다는 것이다. 이렇게 한 점에 집중된 파동은 우리에게는 입자처럼 보인다.

미시 입자의 움직임을 기술하는 '양자역학'

미시 입자의 파동이 어떤 형태를 띠고 시간이 지나면서 어떻게 변화하는지를 알아보기 위한 방정식을 '슈뢰딩거 방정식'이라고 한다. 이 방정식을 수학적으로 풀면 원자 내의 전자의 궤도 등을 구할 수 있다.

이러한 미시 입자의 움직임을 설명하는 이론을 '양자역학(양자론)'이라고 하는데, 현대물리학의 근간이 되는 이론의 하나로 자리 잡고 있다.

파동과 입자의 이중성

전자의 상태를 그림으로 나타냈다. 관측하지 않을 때 전자는 파동의 성질을 유지하며 공간에 퍼져 있다(위). 하지만 빛을 쏘아 관측하면 전자의 파동은 한 곳에 집중되어 입자로 인식된다(아래).

관측 전

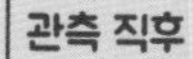

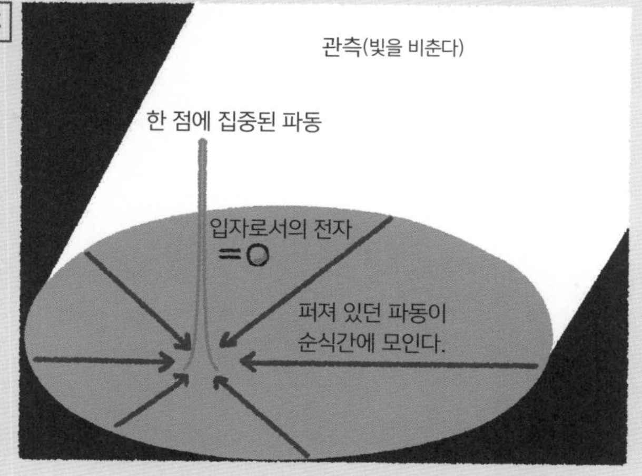

아인슈타인의 뇌는 특별했을까?

알베르트 아인슈타인(1879~1955)은 상대성이론을 발표하는 등, 물리학에서 혁신적인 업적을 남겼다. 그가 사망한 뒤에는 몇몇 연구자들이 그의 뇌를 분석했다고 한다.

그 결과 뇌의 앞쪽에 있으며 추리와 계획을 담당하는 전두엽 전 영역의 주름이 매우 많아 그 면적이 매우 넓다는 것을 알게 되었다고 한다. 또 좌뇌와 우뇌를 잇는 '뇌량'이 비슷한 나이 또는 더 젊은 남성보다도 두꺼웠다고 한다. 이는 좌뇌와 우뇌가 서로 많은 정보를 주고받았다는 것을 의미한다.

더 자세히 분석한 결과로 '신경교세포'라는 세포가 평균보다 2배 정도로 많다는 사실도 밝혀졌다. 신경교세포는 오랫동안 뇌의 신경세포를 보조하는 역할을 한다고 알려진 세포이다. 그러나 최근에는 신경교세포가 학습이나 깊은 사색과 관련이 있을 수도 있다는 견해가 나오기 시작했다. 아인슈타인의 두뇌가 우수한 이유가 신경교세포에 있을지도 모르겠다.

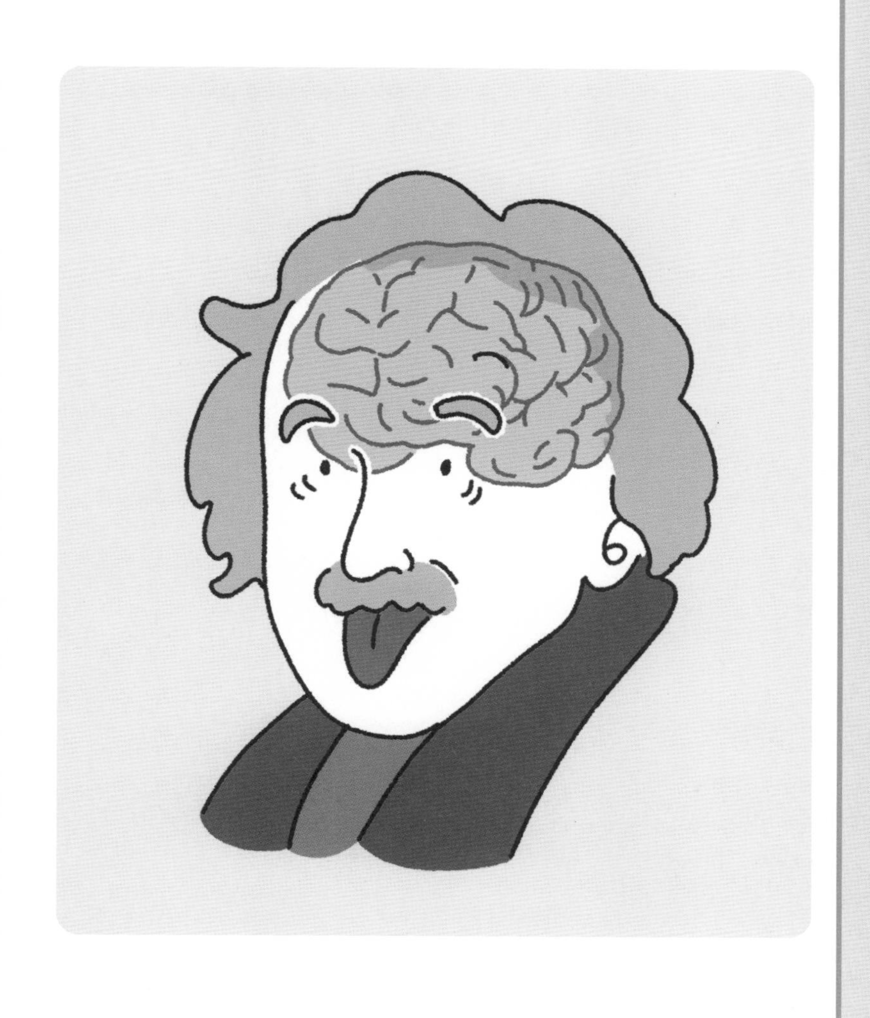

Staff

Editorial Management	기무라 나오유키
Editorial Staff	이데 아키라
Cover Design	이와모토 요이치
Editorial Cooperation	주식회사 미와 기획(오쓰카 겐타로, 사사하라 요리코), 아오키 미카코, 이마무라 코스케, 데라다 치에

일러스트

표지	하다 노노카
3~7	하다 노노카
11	Newton Press, 하다 노노카
13	도미사키 노리의 일러스트를 토대로 하다 노노카가 작성
14~17	Newton Press
19	Newton Press, 하다 노노카
21	Newton Press
22~23	Newton Press, 하다 노노카
25	하다 노노카
27	Newton Press
29	하다 노노카
31~35	Newton Press
37	하다 노노카
41~43	요시하라 나리유키의 일러스트를 토대로 하다 노노카가 작성
45	가사네 오사무의 일러스트를 토대로 하다 노노카가 작성
47	하다 노노카
48~49	Newton Press
51	Newton Press
52~55	Newton Press, 하다 노노카
56~58	하다 노노카
61	Newton Press
63	Newton Press, 하다 노노카
65	Newton Press
66~67	Newton Press, 하다 노노카
69	하다 노노카
71~83	Newton Press
85~86	하다 노노카
89~99	Newton Press
101	하다 노노카
103~105	Newton Press
106~107	Newton Press, 하다 노노카
109~112	하다 노노카
115~123	Newton Press
125	하다 노노카
126~127	Newton Press

감수

와다 스미오(세이케이대학 강사, 전 도쿄대학 대학원 종합문화연구과 전임강사)

원본 기사 협력

와다 스미오(세이케이대학 강사, 전 도쿄대 대학원 종합문화연구과 전임강사)
시미즈 아키라(도쿄대학 대학원 종합문화연구과 선진과학연구기구 기구장, 교수)
나카지마 히데토(도쿄공업대학 리버럴아트 연구교육원 교수)

본서는 Newton 별책 『다시 배우는 중학·고교 물리』의 기사를 일부 발췌하고 대폭적으로 추가·재편집을 하였습니다.

지식 제로에서 시작하는 과학 개념 따라잡기

주기율표의 핵심

118개의 원소가
완벽하게 이해되는
최고의 주기율표
안내서!!

화학의 핵심

고등학교 3년 동안의
화학의 핵심이
완벽하게 이해되는
최고의 안내서!!

물리의 핵심

고등학교 3년 동안의
물리의 핵심이
완벽하게 이해되는
최고의 안내서!!

지식 제로에서 시작하는
과학 개념 따라잡기

물리의 핵심

1판 1쇄 찍은날 2021년 7월 28일
1판 1쇄 펴낸날 2021년 8월 11일

지은이 | Newton Press
옮긴이 | 이선주
펴낸이 | 정종호
펴낸곳 | 청어람e

편집 | 홍선영
마케팅 | 황효선
제작·관리 | 정수진
인쇄·제본 | (주)에스제이피앤비

등록 | 1998년 12월 8일 제22-1469호
주소 | 03908 서울 마포구 월드컵북로 375, 402호
이메일 | chungaram_e@naver.com
블로그 | chungarammedia.com
전화 | 02-3143-4006~8
팩스 | 02-3143-4003

ISBN 979-11-5871-180-1
979-11-5871-164-1 44400(세트번호)

잘못된 책은 구입하신 서점에서 바꾸어 드립니다.
값은 뒤표지에 있습니다.